水产品质量安全
可追溯治理研究

郑建明　著

上海交通大学出版社

内容摘要

    水产品质量安全可追溯治理是一个非常复杂的问题。本书以现代经济学和公共政策分析方法为指导,采用规范分析和实证分析相结合的研究方法,通过问卷调查等形式对此问题进行定性和定量的分析,可作为广大食品安全管理研究者、政府管理人员和实业界人士的参考资料。

图书在版编目(CIP)数据

水产品质量安全可追溯治理研究/郑建明著. —上海:上海交通大学出版社,2017

ISBN 978 - 7 - 313 - 18615 - 7

Ⅰ.①水⋯　Ⅱ.①郑⋯　Ⅲ.①水产品-质量管理-安全管理-研究

Ⅳ.①TS254.7

中国版本图书馆 CIP 数据核字(2017)第 316040 号

水产品质量安全可追溯治理研究

著　　者:	郑建明			
出版发行:	上海交通大学出版社	地　　址:	上海市番禺路 951 号	
邮政编码:	200030	电　　话:	021 - 64071208	
出 版 人:	谈　毅			
印　　制:	当纳利(上海)信息技术有限公司	经　　销:	全国新华书店	
开　　本:	710mm×1000mm　1/16	印　　张:	11	
字　　数:	203 千字			
版　　次:	2017 年 12 月第 1 版	印　　次:	2017 年 12 月第 1 次印刷	
书　　号:	ISBN 978 - 7 - 313 - 18615 - 7/TS			
定　　价:	68.00 元			

>>> 目 录

第一章

绪 论

第一节 研究背景与研究意义

一、研究背景

民以食为天,食以安为先。食源性疾病是一个受到消费者、生产者以及公共卫生部门广泛关注的公共卫生问题。随着全球化发展和人们生活质量的不断提高,食物来源日趋广泛,食品流通频密,安全事故也越来越频繁地发生。食品安全问题被列为"中国商业十大热点问题"之一。禽流感、口蹄疫、劣质奶粉、日本毒饺子事件等,相关的问题食品之多、涉及范围之广、造成恶果之重,已到了令人谈"食"色变的地步。食品安全仍存在超标、法律法规缺失、检测及环保体系和监督追溯信息平台不健全等问题。消费者对任何一类食品安全性的信任度均较低,接二连三的食品安全问题正在沉重地打击着人们的饮食信心。而且目前的食品安全监管体制仍然处于《食品安全法》颁布以前的分段监管模式,农业、质监和工商部门分别对食品种植养殖、生产、流通环节进行监管,人为形成了目前食品安全监管职能部门在食品产销链条中各管一段的监管格局,导致职能部门对食品产销过程的监管缺乏连贯性。而要对食品的种植养殖、生产加工、包装运输及批发零售的环节链条进行全程有效的监督,其中一项基础措施就是必须要建立一个完备的食品溯源体系,实施食品安全追溯管理制度。

水产品营养丰富,是低脂高蛋白的食品,其安全性备受国内外的关注。中国政府重视发展远洋渔业和深海探险,满足国外和国内对水产品的需求,这在最近几年变得很明显。在人类经济发展水平日益提高的同时,人类对于食品和水产品质量安全的要求也不断提高。水产品为人类提供了大约 30％以上的动物蛋白食物,我国居民对水产品的消费量日益增加,确保水产品的质量安全非常重要。

在国际上,欧盟《食品卫生法》强调食品安全可追溯性的重要性,为了加强食物链的可追溯性,进而建立"食品及饲料快速预警系统",要求严格把关,建立食品追踪系统。依据《欧盟一般食品法》的规定,食品追踪制度是指在生产、加工和配送的所有阶段皆应建立可追溯食品、饲料及其他加入食品或饲料的物质的制度,使食品和饲料业者能判断其已供应的客户。为满足此要求,食品和饲料业者应有系统和程序以辨别其所供应的业者,能在有关主管机关要求时提供相关的信息。进入市场或可能流入欧盟的食品和饲料应依特定法令的相关要求,可通过相关的文件或信息,并有适当的标识以供追溯。其他国家对食品安全可追溯性也做出了规定,食品可追溯体系的建设,纷纷上升为各个国家的意志。目前主要存在政府主导和企业主导两种模式(见表1-1)。

表1-1　食品安全溯源体系引入的国际动向

国家/组织	年份	领　　域	主体	属性
欧盟	2000	肉牛	政府	强制性
	2001	肉牛	政府	强制性
	2001	转基因生物及制品	政府	强制性
	2004	禽蛋	政府	强制性
日本	2001	蔬菜	企业	自主性
	2002	猪、鸡、牡蛎、大米等	政府	推荐性
法国	2003	奶牛	政府	强制性
加拿大	2004	猪肉	企业	自主性
澳大利亚	2002	羊	政府	强制性
美国	2003	肉类、水产品	企业	自主性

资料来源:宋怿、黄磊、杨信廷等.水产品质量安全可追溯理论、技术与实践[M].北京:科学出版社,2015.

我国政府对农产品安全的关注逐步转移到产品质量上来,也就是说食品安全由数量安全(Food security)转移到质量安全(Food safety)上来。《北京食品安全宣言》中明定"追溯原则"制定程序,包括与产业相关的追溯及召回体系,以便快速鉴别、调查和控制食品安全事件,防止食品安全问题的发生。随着我国加入世界贸易组织(WTO)以及人们生活水平的提高,水产品质量安全问题已经成为关键问题,如何实现水产品质量安全可追溯是当今的主要挑战和关注焦点之一,它不仅关系到公众的身体健康,而且对渔业发展、渔民增收、水产品贸易和渔业现代化建设具有重要的影响。近年来,世界卫生组织(WHO)、联合国粮食与农业组织(FAO)和WTO等有关国际组织十分重视并特别强调各国应加强食品安全管理体系的建立,其中就包括更为有效地增强全球范围内食品的可追溯性,提高食品安全水平。

随着水产品市场供求关系的变化,人民生产水平的日益提高,水产品进出口贸易迅速增长。但是,我国先后发生了"氯霉素风波""福寿螺"和"多宝鱼"事件,给我国水产业造成很不好的影响。2006年是水产品安全的多事之年,国家食品药品监督管理局公布的十大食品安全事件中,水产品质量安全问题占了四件:福寿螺致病、大闸蟹致癌、桂花鱼有毒、多宝鱼药残超标。这些事件的发生引发了人们对水产品质量安全的恐慌,使得消费者对加强水产品质量安全监管的呼声越来越高,也引起全社会的广泛关注和政府的高度重视,从而也推动了水产品质量安全可追溯体系的研究。

我国对水产品质量安全追溯体系的研究较晚,国内已制定了一些水产品质量安全可追溯体系的相关准则和技术体系。例如,为了满足欧盟对水产品贸易中可追溯制度的要求,国家质检总局制定了《出境水产品溯源规程》。上海市政府于2001年7月制定了《上海市食用农产品安全监管暂行办法》,提出了将"市场档案可溯源制"应用于流通环节,其中对水产品可追溯性也提出了要求。2005年9月20日,北京市顺义区率先实施蔬菜质量安全追溯体系。我国水产品质量安全追溯体系的建设正处于推广应用阶段,因此,更应重视水产品质量安全可追溯体系建设中的政府治理问题研究。2007年11月26日,由中国国家质检总局、卫生部、WHO主办的国际食品安全高层论坛在北京钓鱼台国宾馆举行,40多个国家和地区以及十几个国际组织的高级官员出席了论坛。此次论坛通过了《北京食品安全宣言》,敦促所有国家通过发展中国家和发达国家之间以及发展中国家之间的有效合作,加快食品安全能力建设,以确保消费者获得更安全的食品。2007年11月27日,与会各国代表一致通过的《北京食品安全宣言》认为,食品安全监管是一项重要的公共健康职能,旨在保护消费者免受食物中生物、化学和物理危害所引起的以及其他与食物相关的条件所造成的健康风险。

《北京食品安全宣言》提及一个重要原则,便是食品的可追溯性,用来防止有害食品进入市场。可追溯性是目前食品质量管理和危机控制的一个重要武器。食品安全可追溯体系是一种旨在加强业者安全信息传递、控制食源性疾病危害、保障消费者利益的食品安全信息管理体系。欧盟委员会也将食品可追溯性解释为生产、加工及销售的各个环节中,对食品、饲料、食用性动物和有可能成为食品或饲料组成的所有物质的追溯或跟踪能力。可追溯原则已经成为全世界国家制定食品安全规范的核心内容。

二、研究意义

食品安全的源头在农产品,可追溯系统是农产品供应流程各个阶段产品质量安全信息有效连接的保障体系,在食品质量安全保障方面发挥着重要的作用。尽管政府在食品安全管理中发挥着重要作用,但是政府在水产品可追溯体系建设中应该重视自身的职能定位。建立食品信息追溯体系,利用现代信息技术保存食品生产经营过程中的相关信息,实现食品质量全过程可追踪、可溯源,对于落实食品生产经营者的主体责任、完善食品安全监管手段、保障消费者的知情权和饮食安全,具有重要意义。

随着渔业经济的现代化发展,水产品质量安全属性越来越受到政府、生产者和消费者的重视。建立水产品质量安全可追溯体系是解决当前水产品质量安全问题的一项重要手段。一旦发生水产品质量安全问题,可以有效地追踪到产品源头,采取必要措施控制不利影响的水平;可以保护消费者知情权,使消费者了解产品从生产到餐桌全过程的信息,提升消费信心;可以提高企业自律意识,提升企业质量安全保证能力,有利于企业品牌和美誉度的建设并促进出口。鉴于此,建设水产品质量安全可追溯体系对于提高我国水产品质量安全水平、保证消费者知情权和消费安全、促进我国渔业整体竞争力的提高都具有重要作用。如何提高水产品质量安全的程度,改进治理模式,进而促进水产业可持续健康发展,具有重大的理论价值和现实意义。

理论意义表现为:首先,有助于回答我国渔业经济发展过程中的重大理论问题,为我国渔业现代化提供理论解释和支持。食品安全政府治理研究在公共管理方面一直占据重要的理论地位,但是水产品质量安全管理具有特殊性,加强对水产品质量安全的研究不仅可以加快我国渔业现代化发展进程,而且是对食品安全管理问题研究的有益补充。其次,有助于探索、总结水产品质量安全治理的客观规律,引导人们以正确的方式对食用水产品质量安全进行全面的考察。

现实意义表现为:首先,有助于政府及其相关部门明确解决水产品质量安全问题的重点、难点和方向。党中央已经明确提出要加强对食品质量安全管理的研究,把食品安全提升为国家的战略地位。其次,有助于政府从自身理念、组织、体制、职能、公共政策等方面全方面优化治理水产品质量安全,并提供可借鉴的实现路径,从而在经济社会发展中起到良好的作用。

第二节 研究目的与研究内容

一、研究目的

本书的主要研究目标是基于信息不对称和政府规制理论、生产者行为理论、消费者行为理论和公共治理理论,对利益主体的监管行为进行深入分析,为完善我国水产品质量安全可追溯治理提供理论支持和客观依据。

第一,实践目标。本书以实践为根本,紧紧围绕如何提高"水产品质量安全",着力研究和回答水产品质量安全可追溯治理中存在的问题及其原因,通过对我国主要基地的水产品可追溯体系的生产情况和消费情况进行调查研究,揭示水产品质量安全可追溯治理现状及其内在规律。对"水产品质量安全可追溯治理"中的法律、市场和政府政策问题进行专门研究,向政府有关部门提供案例分析、经验总结、法律法规建议和政策咨询,并向渔业企业、渔业产业化组织提供生产决策参考,完善水产品质量安全可追溯治理的有效路径。

第二,理论目标。本书以水产品质量安全治理创新为使命,从水产品可追溯性的视角出发,运用公共经济学理论、博弈论和信息经济学理论等,构建水产品质量安全可追溯治理的理论基础,探讨水产品质量安全可追溯治理的理论模式,为水产品质量安全可追溯治理提供理论和制度上的指导导向,在研究水产品质量安全可追溯治理所面临的重大问题上进行不懈的理论探索和创新尝试,为水产品质量安全提供理论支持并进一步推动我国水产品质量安全治理的学术研究。

二、研究内容

本书是以消费的水产品的质量安全可追溯性问题为主题,研究内容包括:

第一,发达国家和发展中国家水产品质量安全可追溯治理的经验总结。总结、归纳西方主要渔业国家和发展中国家水产品质量安全治理的经验和理论研究成果,探讨符合我国水产品质量安全可追溯治理的可借鉴的经验。

第二,我国水产品质量安全可追溯性治理的实践及其问题分析。阐述我国水产品的生产特点,探讨我国水产品质量安全内在特征;结合水产品的供应链结构,说明我国水产品质量安全问题的产生机理;分析我国水产品质量安全可追溯性治理的现状及其运行特点;分析我国水产品质量安全可追溯体系实施现状、问题及其原因。

第三,基于可追溯性的水产品质量安全治理的理论分析框架。这是本书的理论研究的范畴,主要是构建了水产品质量安全可追溯协同治理理论分析框架;从博弈论和信息经济学的角度分析政府与生产者之间在质量安全管理方面的博弈;从生产者行为理论角度分析生产者的建立可追溯系统的生产决策行为;从消费者行为的角度分析可追溯水产品消费者支付意愿。全书基于经济学和公共管理学的角度分析水产品质量安全治理机制,分别从政府监管、企业和消费者三个角度展开理论阐述。

第四,渔业企业实行可追溯体系决策行为的实证分析。通过对我国主要渔业企业的水产品质量安全的调研,并就水产品质量安全可追溯系统实施情况展开调查和分析,实证研究渔业企业水产品质量安全可追溯体系的决策行为。这部分也包括对渔业产业化组织(渔业合作社)可追溯实施情况的调查。

第五,消费者对可追溯性安全水产品支付意愿的实证分析。这是本书有关消费者就水产品可追溯治理实施的评价,基本方法是设计水产品质量安全消费的调查问卷,对上海、北京和广州三大城市水产品消费者展开问卷调研,建立"二元选择"计量经济模型,分析消费者对可追溯水产品的认知和支付意愿,并为政府水产品质量安全可追溯性治理提供借鉴。

第六,优化我国水产品质量安全可追溯治理路径的对策和建议。通过上述的理论分析、实证研究和国外成功经验的借鉴,提出以政府为主导、市场和非政府组织多方参与的治理体系和实行路径;由管制性特征转为管理性、服务性为特征的水产品质量安全治理机制;由自上而下为特征转为自下而上,广大养殖户、企业、产业化组织和消费者共同参与的水产品质量安全可追溯治理的体系。

第三节　研究思路与技术路线

一、研究思路

本书的研究思路是遵循"提出问题、分析问题和解决问题"的逻辑,把公共管理学理论和渔业经济管理理论结合起来,并建立理论分析框架,以期对实证研究做相关的理论指导。

在提出问题部分，以问题为导向，说明为什么要建立可追溯性的水产品质量安全治理体系，并对现实的水产品质量安全问题的深层次原因做详细剖析。

在分析问题部分，致力于把理论分析和实证分析结合起来，在理论分析部分，将分析水产品质量安全可追溯治理的相关主体，试图对此部分做理论阐释；在实证分析部分，将基于对企业、产业化组织和消费者的调查，并就各自的行为进行实证研究。

在解决问题部分，试图建立系统完整的水产品质量安全可追溯治理的路径，这部分是建立在前面几个部分研究基础上，并有针对性地提出相关政策和建议。

本书的重点探讨我国水产品质量安全的现状、问题及其原因，水产品质量安全可追溯政府治理现状、问题及其原因，水产品质量安全可追溯治理的理论基础分析，消费者对可追溯水产品支付意愿影响因素的实证分析，渔业企业建立可追溯水产品决策的实证分析，国外水产品质量安全可追溯政府治理的经验分析及其启示。

由于水产品消费主要以城市为主和企业调查数据的可获得性，本书选择以北京、上海和广州的消费者为调查对象；对于渔业企业的调查，我们选择江苏省的渔业企业为调查对象。

二、技术路线

在确定了本书的主要研究内容以后，遵循研究思路，建立了如图 1-1 所示的技术路线。

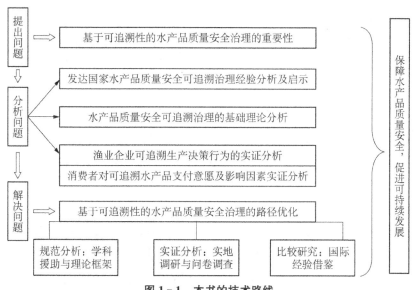

图 1-1　本书的技术路线

第四节　研究方法和数据来源

一、研究方法

本项研究以与水产品安全可追溯机制相关的政府规制理论、公共治理理论、信息不对称理论、水产品可追溯体系的内涵和功能等理论为基础,主要运用规范分析和实证分析相结合的方法,定性和定量相结合的方法,归纳和演绎相结合的方法。在文献评述和理论基础部分以文献检索法为主,并对相关文献和理论进行归纳和总结;在对水产品质量安全可追溯治理进行理论分析基础上,对渔业企业实施可追溯生产决策行为影响因素和消费者对可追溯水产品支付意愿实证分析基础上,在这两部分用到多种统计分析方法,在具体实证分析时综合运用了计量经济分析方法;本书在对我国水产品质量安全问题及其可追溯政府治理现状分析时也较多地运用了比较分析、图表分析法等。为了能有效获得模型所要求的数据和信息,在问卷设计方面,考虑了模型所需要的解释变量和被解释变量的数据要求,分别设置了相关的调查问题。本研究具体运用到的方法主要包括文献资料检索法、问卷调查法、计量经济分析方法。

文献资料检索法是所有研究必不可少的方法。目前关于农产品质量安全可追溯治理的研究文献很多,国外对农产品质量安全可追溯体系的研究比较成熟,但是以水产品质量安全为研究对象的文献较少,笔者对农产品、水产品质量安全可追溯体系都做了文献回顾。由于国内外的文献资料很多,笔者对有关文献进行了仔细的搜索、整理和阅读。

调查问卷法是目前一般的研究中使用较多的方法,因为使用问卷调查便于对调查结果进行定性和定量分析。本研究中有关渔业企业质量安全可追溯实施决策行为的数据就是通过问卷调查获得的。关于消费者水产品质量安全可追溯支付意愿的实证分析,选择广州、北京和上海城市居民为调查对象,设计了相关问题,得出实证结果,最后提出了政策建议。

在设计问卷时,笔者和有关人员经过了反复多次的讨论,听取了各方意见,设计了本书微观数据需要的初次调查问卷。对于渔业企业方面,在笔者和相关人员对江苏省苏州市吴江区的相关企业做预调查后,对问卷中的某些问题项进行了修改,使得问卷更加符合本研究的需要,形成了最终的调查问卷。对于消费者的消费行为方面,笔者先对上海市浦东新区居民支付意愿进行了预调研。基于水产品消费的地域属性,本研究选取上海市、北京市、广州市的相关城区为调查区域。

根据研究目标的设定,关于消费者的调查内容主要分为四个部分:消费者个人信息情况,消费者对水产品可追溯体系的购买行为,消费者对水产品安全可追溯体系的认知和评价,详细调查内容见《水产品可追溯治理的消费者行为调查问卷》(见附录一)。对于渔业企业的调查问卷,根据研究目标,分为企业的基本情况,企业对水产品质量安全可追溯制度和政府相关政策的认知,企业建立水产品质可追溯系统的意愿。详细调查内容见《水产品可追溯治理的企业生产行为调查问卷》(见附录二)。

从现实需要出发,通过问卷调查,获取了原始数据后,通过计量经济分析法对数据资料进行分析,可以研究变量之间的相互关系,并得出相应的结论。本书应用二元联合选择模型,计量实证分析渔业企业实施可追溯决策行为的影响因素;接着应用 Probit 回归分析模型,对消费者可追溯水产品支付意愿进行了实证分析。在本研究中,应用了目前使用非常普遍的社会科学统计软件 SPSS 和 STATA,对数据进行大量的分析和处理。

二、数据来源

(1) 消费者可追溯水产品消费行为和渔业企业可追溯生产决策行为的调查。消费者个人信息情况,消费者对水产品可追溯体系的购买行为,消费者对水产品安全可追溯体系的认知和评价的数据均来源于调查。渔业企业的基本情况、渔业企业对水产品质量安全可追溯制度和政府相关政策认知、渔业企业建立水产品质可溯系统意愿也来自于实地调查。这部分数据是本研究最主要的数据来源,是实证研究部分的主要材料,也是构建计量经济模型的微观经验数据。

(2) 政府相关职能部门。政府水产品安全可追溯管理部门是本研究数据资料的另外一个重要来源。主要是通过农业部渔业局下属的水产品质量安全中心、各地区海洋与渔业局、上海市农委水产办、江苏省水产技术推广站、中国水产科学院、江苏省苏州市水产技术推广站等部门网站、文件及其出版的统计年报获得二手数据。如果没有特殊的说明,水产品等相关数据主要来源于 FAO、历年《中国渔业统计年鉴》《中国水产品进出口贸易统计年鉴》和《中国统计年鉴》。

(3) 历年的期刊和论文。通过查阅相关杂志、中国期刊网的论文获得二手资料数据。

>>> **本章小结**

　　食品安全治理一直是个热点话题。水产品作为人类的食物来源之一，历来受到国内外相关政府、企业和消费者的关注。随着经济发展和社会的进步，水产品质量安全管理也越来越得到政府工作的重视，也成为企业社会责任的一部分，消费者更加关注水产品的安全性。因此，水产品质量安全治理也越来越得到学术界的关注。笔者在前期的研究基础上，选择可追溯这一治理水产品安全的政策工具作为本研究的主题，也算是一个尝试和拓展。

　　在导论这一部分，通过研究背景和意义，进一步说明本书的研究内容和研究目的。本书在研究方法上采用实证研究和规范研究相结合的方法，实证资料的调查是本研究的重要工作。在研究思路方面，本书遵循提出问题、分析问题和解决问题的思维框架，设计了本研究的技术路线，从而进一步明确了研究内容和研究方法。最后，对研究方法和数据来源进行了梳理。

第二章

文献综述及其评价

随着经济的发展和人们生活水平的提高,食品质量安全问题越来越成为人们关注的焦点,也引起了公共管理学、经济学、政治学、法学等学科的学者的关注,国内外学者对食品质量安全可追溯体系做了大量研究,研究内容主要集中在食品质量安全可追溯体系的特性上,对可追溯食品的消费者行为、生产者行为、政府监管等方面也展开了有意义的研究。

食品安全管理方面的文献介绍了激发安全食品供给并减少违背安全行为的四类非排他性工具,包括政府直接规制、基于市场的动力机制、售后监督与法律责任。食品供应商实施食品安全控制的动机可以归纳为两个层面:一是市场驱动控制,体现为"与认证和标识相连接的更好声誉引发的需求方转移或者由效率改善引致的供给方的转移";二是政府规制,包括针对生产过程的直接公共规制或针对终端产品的安全或可信标准控制。尽管法定食品安全标准是最普遍的食品安全管理基本方法,但激励企业采用增强型食品安全控制体系的三个基本要素是市场驱动力、产品责任法案与食品安全法律法规,而且这些动力源的相对重要性随着国家、区域与使用部门的制度环境、经济因素或主体特性不同而存在差异。英国崇尚规制框架在食品控制体系中的重要性源于其国会君权制度,安全性源自国家政府,规制体系致力于强化经济中的安全供给;宪政制则决定了美国的食品安全主要依赖于法律框架,安全性源自企业与消费者的法律立场,法律体系在防范违规与监督规制者自由选择权方面起着重要作用。

20世纪80年代开始,对食品安全的研究由国家行为转向市场行为,由生产行为与供应总量拓展到消费行为与分配状况改善等,即强调每一个家庭都有获得安全食品的能力。同时西方国家逐步加强了对食品品质需求、食品卫生与营养安全,以及食品获取与环境保护之间关系等问题的重视。关于食品质量安全问题的研究兴起于 20 世纪 80 年代后期,众多学者从经济学、管理学等角度对食品质量安全问题以及营养问题进行了大量先驱性的研究。西方学者对食品质量安全问题的研究相对成熟,建立了一套有效的理论和实证的研究体系。

第一节 政府规制

要说明政府规制的含义,则先要说明规制的含义,而要说明规制的含义,又不得不说明中国经济学文献中流行的"规制"一词以及某些学者采用的"规管"一词的含义。经济学文献中使用的"管制"和"规制"以及"规管"均源出于英语"regulation"。关于规制的分类,布雷耶尔、麦卡沃伊说:"管制,尤其在美国,指的是政府为控制企业的价格、销售和生产决策而采取的各种行动[1]。"规制治理作为规制理论的重要概念源于利维(Levy)和斯皮勒(Spiller)对英国、牙买加、智利、阿根廷等国电信产业改革的实证研究,他们认为,可以将规制看作是两个方面的问题,即规制治理和规制激励,他们强调规制治理和规制具体内容的区别,认为应当把政府规制看作一个由规制治理和规制激励两个内容组成的制度设计问题进行研究[2]。史普博认为:"管制是由行政机构制定并执行的直接干预市场配置机制或间接改变企业和消费者供需决策的一般规则或特殊行为[3]。"贾尔斯·伯吉斯认为政府监管是政府根据需要采取的一种控制消费者的行为,提出了从需求侧实现监管手段与目的的一种方法[4]。日本学者植草益认为,政府规制可以定义为社会公共机构按照一定的规则对企业的活动进行限制的行为[5]。政府规制的所属学科——"规制经济学"是以产业组织理论和微观经济学的相关理论为背景的一门新兴学科,"强调在资源稀缺的前提下,规制行为应有助于实现资源的优化配置、保持利益主体之间的利益均衡和整体福利的增加"[6]。

---

① 斯蒂芬·布雷耶尔,保罗·W·麦卡沃伊.管制与放松管制[M].北京:经济科学出版社,1996.
② Levy B, Spiller PT. The institutional foundations of regulatory commitment: a comparative analysis of telecommunications regulation [J]. The Journal of Law. Economics & Organisation, 1994(10): 201 – 246.
③ [美]丹尼尔·F·史普博.管制与市场[M].上海:上海人民出版社,1999.
④ 小贾尔斯·伯吉斯.管制和反垄断经济学[M].冯金华译.上海:上海财经大学出版社,2003.
⑤ 植草益.微观规制经济学[M].北京:中国发展出版社,1992.
⑥ 费亚利.政府强制性猪肉质量安全可追溯体系研究[D].四川农业大学,2012.

早在 1887 年,由美国国会宣布成立的用于管理铁路路线及价格的国内贸易委员会,被认为是世界上最早的现代意义上的政府规制机构。政府规制可以分为经济性规制和社会性规制。经济性规制是指为了防止无效率的资源配置发生和保证需求者的公平利用,通过许可和被许可等手段,对企业的准入、退出、价格、服务的质量以及投资、税收、会计等方面的活动进规制。经济性管制主要针对信息不对称和自然垄断的问题,目的是为了克服由信息不对称和自然垄断所造成的资源无效配置和对社会福利的侵害。社会性规制是以信息不对称理论和外部性理论为规制理论基础,以保障劳动者及消费者的卫生、安全、健康,环保和避免伤害为目的,对产品(或服务)的质量以及随之产生的各种活动制定一般要求,禁止或限制特定行为的规制。与经济性管制不同,社会性管制不一定以某种特定产业为研究对象,而是围绕如何实现某种社会目标而实施的全方位规制。其中,食品质量安全规制就是属于社会性规制的范畴。食品质量安全规制,是指由于食品质量安全具有公共物品属性、外部性和信息不对称等问题,政府通过制定相应的政策和采取适当的措施,以保证食品质量安全和促进食品产业发展为目的,对生产经营活动进行干预和调控。

霍恩(Horn)认为规制也存在着政府和规制机构的委托代理关系,政府委托规制机构对行业进行规制,规制机构的目标函数与政府预期未必完全一致,因此对规制机构的约束和限制是规制承诺的重要内容,它和制度共同影响承诺成本[1]。佩尔兹曼(Peltzman)模型表明,规制者会通过权衡消费者与生产者利益进行决策,以实现自身利益最大化的目标[2]。贝克(Becker)的政治均衡模型则将规制决策看作不同利益集团之间互相作用的结果[3]。埃斯塔切(Estache)和马赫蒂摩(Martimort)对决策本身的影响因素作进一步分析,区分了影响规制者相机抉择的内部和外部因素,其中内部因素是代表选民的政治委托人,外部因素指的是利益集团,规制者对政治前途越看重,与产业合谋的可能性越低[4]。卡宾(Cubbin)和斯特恩(Stern)在总结前人对规制治理研究的基础上,提出了良好的规制治理标准,主要包括以下几

---

① Murray Horn. The political economy of public administration: institutional choice in the public sector [M]. Cambridge University Press.

② Peltzman, S. Toward. A More General Theory of Regulation. Journal of Law and Economics, Vol. 14, August, 1976.

③ Becker G. A theory of Competition Among Pressure Groups for Political Influence. Quarterly Journal of Economics. 1983, Vol. XCⅧ: 371−400.

④ Estache A, Martimort D. Regulatory Institutions, Transaction Cost and Politics. Working Paper, the World Bank, Washington DC.

个方面：第一，强大的法律体系和可靠的法律条文，使合同能够得到执行，商业法庭和其他法庭能及时对相关案件作出判决；第二，有关规制的正式法律属性在法律中必须清楚明确地表述，包括规制职能和规制目标，规制机构的自治性等；第三，规制机构运行中的非正式属性，包括程序公开、透明、可预见性，公布做出决策的原因和方法，在规制过程中允许利益相关者广泛参与，防止规制权利滥用，保持政策一致性等①。

维斯库斯等人提出自然垄断的永久性理论和短暂性理论，建议有些自然垄断产业的规制要一直存在，而另外一些则要因势而动②。斯蒂格利茨(Stiglitz)从信息经济学的角度揭示了新古典理论范式在研究市场经济上的缺陷，为转轨国家的政府规制提出了改革策略。他关注于市场经济中的信息和由此产生的激励问题，以及政府规制的相应的实施方案。信息经济学对激励问题的理论分析得出了极具价值的结论，为经济转型过程中如何进行制度改革提供了理论基础③。Levy 和Spiller 的分析还指出规制治理以特定国家的制度享赋为基础，因此应当与一国的立法、司法和行政制度等相协调。Levy 和 Spiller 的研究虽然没有对如何建立适当的规制治理机制给出更多的建议，但是他们的研究开创了从规制治理和规制激励两个方面分析规制问题这一新的范式④。拉丰(Laffont)在其著作《规制与发展》中探讨了在发展中和转型国家实施政府规制的制度约束和相应的规制选择，对制度约束的分析主要是从公共资金的高成本、监督和审计体系、科层规制和腐败、承诺缺乏可信性、法治薄弱、金融约束等方面进行的。研究表明，这些制度约束提高了合约签订和实施的交易成本，增加了投资风险，不利于发展中国家扩大投资规模和进行基础设施建设，在很大程度上限制了规制改革的实际效果⑤。

史蒂芬(Stephen)认为特许投标制是用"市场的竞争"代替"市场内的竞争"，它提高了垄断性市场的可竞争性，减少了毁灭性竞争的范围和不良后果，通过投标者

① John Cubbin, John Stern. Regulatory Effectiveness: The Impact of Good Regulatory Governance on Electricity Industry Capability in Developing Countries. London Business School: Discussion Paper Series, 2004 [C].

② Viscusi WK, Vernon JM, Harrington JE Jr. Economics of Regulation and Antitrust. Cambridge: MTT Press, 1992.

③ Roland, Gèrand and Verdier, Thierry. Law enforcement and transition. CEPR Discussion Paper 2501, 2000. London: CEPR.

④ Levy B, Spiller PT. The institutional foundations of regulatory commitment: a comparative analysis of telecommunications regulation [J]. The Journal of Law, Economics & Organisation, 1994, 10: 201 – 246.

⑤ Laffont JJ, Tirole J. The Politics of Government Decision Making: A Theory of Regulation Capture. Quarterly Journal of Economics 106, 1991.

的竞争提高了效率,减轻了规制者的负担。企业对垄断经营权的竞争,也消除了传统规制所难以解决的信息不对称,是竞争决定价格而不是规制者决定价格。特许投标制是一种很有吸引力的规制方法,在发达国家的规制改革中得到了普遍的运用,也取得了良好的效果①。

我国学者对政府规制的相关概念进行了充分的研究,提出了各自的观点。曾国安研究了管制、政府管制的含义,厘清了政府管制与非政府管制的关系,准确界定了经济管制的含义,弄清了经济管制与政治管制、社会管制之间的关系,对经济管制进行了适当的分类,分析了经济管制演变的长期趋势是经济管制问题的一般理论研究的重要内容②。余晖提出规制是指政府的许多行政机构,以"治理市场失灵"为己任,以法律为根据,以大量颁布法律、规章、命令及裁决为手段,对微观经济主体的不完全公正的市场交易行为进行直接的控制和干预③。

张丽娜认为国外关于政府规制的理论,大致有公共利益规制理论、利益集团规制理论、激励性规制理论和规制框架下的竞争理论等。实事求是地说,我国学术界对政府规制理论这一领域的研究还相对比较薄弱,独创性和得到学界重视的理论成果还很少④。我国学者还介绍了许多发达国家的规制改革实践,为我国的规制改革提供了许多有益建议,对我国的政府规制机构的合理设立也有研究。王俊豪介绍了大量英国基础设施产业的政府规制体制改革实践⑤,王林生、张汉林研究了主要经济合作与发展组织成员国规制改革的背景及其进程、规制改革的绩效、规制改革政策和核心原则及其实施、政策工具的选择、对规制影响的分析、政府规制改革的启示等,并对规制改革及其启示进行了实例分析⑥。我国学者刘小兵认为,政府规制之所以存在,是因为市场存在缺陷,如自然垄断、负外部性、正外部性和信息不对称等缺陷,但这些缺陷并不构成政府规制的充分条件,只是为政府规制提供了一种可能,而最终是否需要政府规制,需要经过仔细地比较政府管与不管的效果方可确定⑦。

张昕竹指出发展中国家普遍存在公共资金成本高、监督审计机制不健全、规制

① Stephen J. Bailey. Public Sector Ecomonics: Theory, Policy and Practice [M]. Macmillan: Macmillan Press LTD, 1995.
② 曾国安. 管制、政府管制与经济管制[J]. 经济评论,2004(1): 93 - 103.
③ 余晖. 政府与企业:从宏观管理到微观管制[M]. 福州:福建人民出版社,1997:导言.
④ 张丽娜. 我国政府规制理论研究综述[J]. 中国行政管理,2006(12): 87 - 90.
⑤ 王俊豪. 英国政府管制体制改革研究[M]. 上海:三联书店,1998.
⑥ 王林生,张汉林. 发达国家规制改革与绩效[M]. 上海:上海财经大学出版社,2006.
⑦ 刘小兵. 政府管制的经济分析[M]. 上海:上海财经大学出版社,2004.

俘房成本低和规制承诺能力低等特征,这种制度环境的缺陷对政府规制效率有很大的影响,容易导致规制合约执行机制不完全,降低规制的激励性[①]。王俊豪分析了我国基础设施产业政府规制体制改革的必然性和紧迫性,高度概括了政府规制经学同我国政府规制体制改革和政府规制实践相关的基本理论;他指出,法律制度是我国政府规制体制改革的基本准则,改革的关键是实行政企分开,改革的主题是充分发挥竞争机制的积极作用,改革的目标是在基础设施产业实现规模经济与竞争活力相兼容的有效竞争,政府应以经济原理为基础制定规制价格,把推行股份制改革作为政府规制体制改革的重要内容[②]。笪素林、钱钢认为我国政府监管的政策手段和技术方法还比较落后,主要的政策手段还是行政审批,价格上限管制、特许经营权的竞标、普遍服务基金、稀缺资源的公开拍卖等激励性的监管手段还没有得到很好运用,合理的听证制度还没有真正建立起来,信息管理系统建设在众多监管部门才刚刚起步[③]。刘自新针对我国政府规制存在的主要问题,从对规制机构进行“机构再造”,提高规制效率,放松规制与强化规制并重,注重对规制实施效果的反馈,整合社会资源,形成辐射各个环节的大规制体系等方面提出深化我国政府规制改革的对策思考[④]。杨大瀚和魏淑艳运用扎根理论方法,进行了深入的访谈与调研,以访谈笔记作为基础研究资料,用编码形式归纳总结出影响监管人员行为的 6 个重要因素,依此构建监管行为影响因素模型,并对模型进行理论阐释,提出完善法律法规,对监管部门行政首长的权力进行控制和监督,强化公共监督的作用,加强对社会舆论监督的保护,重视培养监管部门内部的传承,强化监管人员行政责任等对策,以期提高政府监管效率[⑤]。

第二节　食品安全政府规制

1997 年,WHO 在其发表的《加强国家级食品安全性计划指南》中,把“食品安全”解释为“对食品按其原定用途进行制作和食用时不会使消费者身体受到伤害的

---

① 张昕竹. 网络产业管制与竞争理论[M]. 北京:社会科学文献出版社,2000.
② 王俊豪. 中国政府管制体制改革研究[M]. 北京:经济科学出版社,1999.
③ 笪素林,钱钢. 中国政府监管机制的现状与理论构建[J]. 现代经济探讨,2006(10):51-53.
④ 刘自新. 规制理论以及我国政府规制改革的探讨[J]. 中共杭州市委党校学报,2008(6):76-80.
⑤ 杨大瀚,魏淑艳. 中国政府监管失效的因素模型构建研究——基于扎根理论的分析[J]. 东北大学学报,2016(4):381-387.

一种担保",将"食品卫生"界定为"为确保食品安全性和适用性在食物链的所有阶段必须采取的一切条件和措施"。从目前的研究情况来看,在食品安全概念的理解上,国际社会已经基本形成共识,即食品的种植、养殖、加工、包装、贮藏、运输、销售、消费等活动符合国家强制标准和要求,不存在可能损害或威胁人体健康的有毒有害物质致消费者病亡或者危及消费者及其后代的隐患。根据 WHO 的解释,"食品安全"是指食品中不应含有可能损害或威胁人体健康的有毒、有害物质或因素,从而导致消费者急性或慢性毒害、感染疾病,或产生危及消费者及其后代健康的隐患[①]。食品安全问题是"食物中有毒、有害物质对人体健康影响的公共卫生问题"。食品安全要求食品对人体健康造成急性或慢性损害的所有危险都不存在,是一个绝对的概念,是降低疾病隐患、防范食物中毒的一个跨学科领域。该概念表明,食品安全既包括生产的安全,也包括经营的安全;既包括结果的安全,也包括过程的安全;既包括现实的安全,也包括未来的安全。

我国《食品安全法》第十章附则第 99 条规定了下列用语的含义:食品安全,指食品无毒、无害,符合应当有的营养要求,对人体健康不造成任何急性、亚急性或者慢性危害。《食品卫生法》第 54 条规定的"食品"是指"各种供人食用或者饮用的成品和原料以及按照传统既是食品又是药品的物品,但是不包括以医疗为目的的药品;食品是人类生存和发展的最基本物质[②]。《食品工业基本术语》对食品的定义:可供人类食用或饮用的物质,包括加工食品、半成品和未加工食品,不包括烟草或只作药品用的物质。2013 年 12 月 23—24 日,中央农村工作会议在北京举行,习近平在会上发表重要讲话。会议强调,能不能在食品安全上给老百姓一个满意的交代,是对执政能力的重大考验。食品安全,是"管"出来的。食品安全是保护人类生命健康、提高人类生活质量的基础。

国外关于食品质量安全政府规制的研究主要包括以下几个方面:政府食品安全管理规制政策的效率与绩效,食品安全规制对企业成本的影响,以及企业对规制的反应研究等,主要涉及的方法有企业执行规制后市场份额,收益率和增加的内部成本比较,对危害分析与关键控制点(HACCP)的成本收益评估等。为了更好发挥食品安全政策效能,发达国家开始对安全管理管制进行成本效率的分析研究,美国农业部成立了管制评估和成本收益分析办公室,所有经济与合作发展组织(OECD)成员国的政府部门都要求使用一些科学方法对管制进行评估。

---

① 彭亚拉,庞萌. 美国食品安全体系状况及其对我国的启示[J]. 食品与发酵工业,2005(1):92-95.

② 李津京. 食品安全贸易争端:典型案例评析与产业发展启示[M]. 北京:机械工业出版社,2004:65-67.

食品安全问题的信息不对称、外部性是造成食品安全市场失灵的主要原因。斯蒂格利茨在其《公共部门经济学》一书中认为市场失灵形式包括自然垄断、公共物品、外部性和信息不对称等①。市场失灵一方面削弱完全竞争的市场条件,造成社会福利的损失;另一方面单纯市场配置资源可能带来经济机会以及结果的不平等。信息不对称是食品市场失灵的最主要形式,所以市场失灵中的信息不对称理论,是食品安全政府管制的原因和理论依据。信息不对称理论中的"道德风险"和"逆向选择"同样适用于食品市场。由于生产者相对于消费者而言,是食品安全的信息优势方,食品生产者为了节约成本,如使用非法添加剂等,使得食品生产者发生道德风险的概率大增。由于消费者并不了解食品安全的全部信息,当消费者只愿意支付中等安全水平的食品价格时,就会鼓励食品企业生产低成本、低质量的不安全食品,而安全度较高的食品生产由于售价较高,将难以出售,于是食品市场普遍出现逆向选择。逆向选择的出现,一方面将阻碍食品产业科技进步,另一方面使得不安全食品损害消费者的生命健康。梯若尔(Tirole)指出食品消费中存在着严重的信息不对称,由于劣质食品健康损害的长期性、滞后性和潜伏性,企业通常需要社会性管制②。信息不对称问题使得食品质量安全保障体系中政府监管不能缺位,食品生产经营及市场发育状况要求政府以第三方参与人的身份积极介入、制订相应政策法规,同时市场失败风险使政府监管名正言顺地成为确保终端市场食品安全的手段。

政府集权治理食品安全模式在简化规制结构、提供更稳定市场引入到提高农产食品质量安全能力的规制也主要集中于生产实践,注重日常生产活动,预防、消除或者减少田间食品安全伤害,然而实践过程仍需要农户决定行动关键点。尽管行业管理部门开发了教育培训计划与课程以帮助农户成功地生产安全食品,但现有食品质量安全学者很少研究这些课程对农户食品安全知识的实质影响,也未曾去了解最基本的农户对食品安全改善不同节点的认知。

同时,经济学家们主张政府公共规制形式,即最终产品标准、生产流通过程标准、标签制度等应该与企业获得最佳成本收益比率的动机匹配。经济学家们对政府食品质量安全公共规制的成本收益进行细致分析后提出,最普遍、最可信的高质量食品供给利益评估方法是真实地衡量可避免的疾病成本,同时可以运用偶然条件价值评估法和市场实验来衡量消费者支付食品安全属性的意愿,通过消费粘连

---

① 斯蒂格利茨. 公共部门经济学[M]. 北京:中国人民大学出版社,2013.
② Tirole J. The Theory of Industrial Organization. the MIT Press, Cambridge, MA, 1998.

分析、对比分析消费者支付不同安全属性水平产品的市场价格差异方法、责任成本、国外市场的进入成本分析等手段来评估食品质量水平改善后的价值[1][2][3]。

近年来,政府公共政策的实施伴随的市场扭曲潜在成本问题受到食品安全领域学者的关注,他们的研究重点,从制定公共标准转移至达到食品安全最低产品要求的工具路径。斯塔伯德(Starbird)认为抽检政策有助于减轻与质量不完全信息相关的不确定性,能有效地维护食品安全[4]。卡迪夫(Caduff)和伯纳尔(Bernauer)则聚焦于危害分析与关键控制点体系,从降低商业行为不确定性、推进食品安全创新、提升食品供应链中的消费者信任视角,提出规制型代理模式(集权)优于多层次治理或者重新收归国有,同时强调应用于食品安全风险领域预警式的治理方法与强化政府角色的合法性紧密相关[5]。食品行业是具有强外部性的行业:若企业提供数量充足而且质量优良的食品,将会提高消费者的整体健康水平,反之,对消费者会造成健康损害的食品充斥食品市场,将导致公共食品危害事件,这不仅会对食用的消费者带来身体上的损害,更重要的是会造成消费者的集体恐慌,导致某类食品的消费量剧减或某个品牌商品的突然消失,进而对国民经济造成重大影响。

在全世界,政府在食品质量安全控制当中均处于主导地位。政府管制是为了弥补市场失灵的缺陷,代表公众利益,是为主动提高社会福利而进行的。由于市场失灵的出现,依靠市场机制不能完全保证广大消费者得到安全可靠的食品,因此,需要政府进行监管[6]。波斯纳(Posner)指出,管制的公共利益有两个隐含的假定:一是市场经济是极端脆弱的,如果让其自由发挥作用,则可能导致非常无效率或不平等;二是政府管制是无成本的。在每一个管制计划的背后,都反映着市场的不完

① Kim DK, Chern WS. 1995. Health risk concern of households vs. food processors: estimation of hedonic prices in fats and oils//Caswell JA. Valuing Food Safety and Nutrition. Boulder: Westview Press: 155 - 172.

② Roberts T, Mrales RA, Lin CTJ, et al. Worldwide opportunities to market food safety//Wallace LT, Schroder WR. Government and the Food Industry: Economic and Political Effects of Conflict and Cooperation. Dordrecht: Kluwer Academic Publishers, 1997: 161 - 178.

③ Caswell JA, Henson ST. International of private and public and quality control systems in global markets//Loader RJ, Henson SJ, Traill WB. Globalization of the Food Industry: Policy Implications. Reading: Centre for Food Economics Research, University of Reading, 1997: 63 - 83.

④ Starbird SA. Moral hazard, inspection policy and food safety. American Journal of Agricultural Economics, 2005, 87: 15 - 27.

⑤ Caduff L, Bernauer T. Managing risk and regulation in European food safety governance. Review of Policy Reascarch, 2006, 23(1): 153 - 168.

⑥ Jean C. Buzby, Paul D. Frenzen, Food Safety and Product Liability. Food Policy, No. 24, 1999: 637 - 651.

美，政府管制可以很好地克服市场的不完善，且政府管制没有成本①。欧文（Owen）和布劳第根（Braentigam）将管制看作是服从公共需要而提供的一种减弱市场运作风险的方式②。自从 21 世纪以来，以水产食品质量为重点的调查研究在深度和广度方面都得到了大大提升，这主要是由于渔业在巩固中国食品安全和国际贸易形象方面发挥的作用越来越大③④。

政府规制是市场经济条件下国家对经济活动进行干预的重要手段，也是现代市场经济中不可或缺的制度安排。传统的政府规制理论是对公共利益及部门利益的规制，现代政府规制理论已经愈发充实饱满，而激励性政府规制理论就是现代政府规制理论中的重要理论。激励性规制理论利用"委托-代理"的方法，设计激励性正规规制契约，以解决在信息不对称的情况下，激励与信息成本的平衡关系，它是以信息不对称为问题的前提，同时运用博弈论及激励理论的方法分析政府规制在什么样的最佳条件下可以使得被规制对象处于最佳激励状态。

考虑到市场激励或规制约束（包括政府直接规制、售后监督与法律责任），企业必须选择食品安全战略。食品安全战略实施引起企业的直接成本和交易成本发生变化，从而影响企业竞争力，企业从食品质量安全保障计划中获取的竞争力又受到企业满足要求的意愿与能力的影响。企业（生产经营者）实施食品质量安全控制的基本动力源自政府直接规制、市场驱动力、产品责任法案与食品安全法律法规。然而这些动力源的相对重要性随着国家、区域与使用部门的不同而存在差异。通常情形下，生产经营主体实施的食品安全控制反映出市场驱动与公共规制的互动效应，但现有研究对规制与市场驱力的双重作用则很少涉及。汉森（Henson）和霍尔特（Holt）也曾提出很难把规制与核心消费群体的需求对行动决策的影响剥离开来，应该承认消费者市场需求间接反映法律要求——更深层次地影响供应链上的采购者。同时公共规制或私人标准引起高固定成本，基于费用的认证体系可能边缘化小生产者，这一结果并不必定发生的前提是一些小企业能够迅速调整生产以适应变化了的消费者偏好、更快捷地传递产品信息给消费者；因此，公共政策规制者面临的挑战是政策界定应旨在提升食品质量安全水平，避免限制企业超越规制

① Posner RA. Theories of Economic Regulation. Bell Journal of Economics, Vol. V, No. 2, 1974: 335 – 358.

② Owen BM, Braentigam R. The Regulation Game: Strategic Uses of the Administrative Process. Cambridge, Massachusetts, Ballinger, 1978.

③ Goldstein, LJ. Chinese fisheries enforcement: environmental and strategic implications. Marine Policy 40, 2013: 187 – 193.

④ Fabinyi M, Liu N. The Chinese policy and governance context for global fisheries. Ocean Coast. Management, No. 96, 2014: 198 – 202.

要求的创新行动①。

国内诸多学者从信息不对称、食品产业的特征和食品安全监管体制不完善等角度对我国食品安全问题产生的原因进行了分析。传统的食品安全治理中，国家仅仅注重对主流食品系统的监管，监管的政策工具主要有行政监管和法律监督。行政监管方面，主要是政府部门之间如何协同，以最大限度地提高食品安全监管的效能。例如，有学者就认为，中国的食品安全监管是碎片化的，统一食品安全监管体制、建立整体政府和无缝隙网络是回应政府治理碎片化的最佳途径②。还有学者认为，我们目前所采用的多头监管的食品监管体制由于政府监管部门及其工作人员的自利性、监管能力的有限性、信息的不充分性等问题，有必要引入食品安全监管的多元参与民主模式，让企业和消费者等利益相关方参与到管制过程之中，形成政府、市场、利益团体共同监管的局面③。在法律监管方面，有学者建议制定并且实施严格的食品安全标准，这是真正实现食品安全源头治理、防患于未然的前提条件④。

信息经济学将市场信息分为搜寻品、经验品和信任品⑤。王秀清和孙云峰根据信息经济学中信息类别的划分，将食品质量也相应地划分为搜寻品特性、经验品特性和信任品特性⑥。消费者在消费之前就了解了的相关信息特征，称为食品质量的搜寻品特性；消费之后才了解的食品信息，称为经验品特性；在消费之后仍旧无法了解的食品安全和营养水平信息，称为信任品信息。消费者对于食品质量搜寻品信息和经验品信息的识别，可以对生产者起到一定的约束作用，但信任品方面的信息消费者很难掌握，如农药残留引起的食品安全危害。如何控制食品质量中的信任品信息不对称危害是至关重要的。

定明捷和曾凡军从网络治理的角度重新审视我国食品安全问题，将日益频发的食品安全问题看作是食品安全供给网络破碎所致，是网络运转失灵的体现。因此，食品安全的有效供给将取决于能否通过创新性的思维方式实现从破碎的网络

---

① Henson S, Holt G. Quality assurance management in small meat manufacturers. Food Control，2000(11)：319-326.

② 颜海娜. 我国食品安全监管体制改革—基于整体政府理论的分析[J]. 学术研究，2010(5).

③ 耿弘，童星. 从单一主体到多元参与—当前我国食品安全管制模式及其转型[J]. 湖南师范大学社会科学报，2009(3).

④ 宋华琳. 中国食品安全标准法律制度研究[J]. 公共行政评论，2011(2).

⑤ 张维迎. 博弈论与信息经济学[M]. 上海：上海人民出版社，1999.

⑥ 王秀清，孙云峰. 中国食品市场上的质量信号问题[J]. 中国农村经济，2002(5).

向无缝隙网络的转变,以整体一致的方式来提高食品安全供给的质量①。吕志轩提出在交易费用理论的框架里,影响治理机制的关键因素是交易特征。但仅从不确定性、交易频率和资产专用性这三个维度来考察交易特征,似乎并没有看到交易的本质。应该从产权的角度看待食品安全问题的内在机理②。秦利和王青松指出市场机制和政府机制都有可能在治理食品安全时失败,而食品安全治理是一个政府、市场、社会通过某种"制度安排"对食品安全实施"共同治理",从而保证消费者获得他们期望的安全食品的过程;食品安全治理研究的视角是"主体-主体"式的考察方式,研究的视角是"开放的系统",食品安全涉及食品生产者、消费者、政府和第三部门等利益相关方,其中任何一个利益相关方由于自身局限性,都难以单独有效地解决食品安全问题。因此,食品安全治理要把政府、市场、第三部门等在食品安全领域的共同参与者作为整体来研究;进而认为应将食品安全问题引入公共治理分析范式,提出政府、食品生产企业、第三部门等组织间互动协调来实现对食品安全的治理,并构建了新型的食品安全政策体系。他们还认为,食品安全治理不同于食品安全管理③。刘亚平指出,在中国,有限准入的市场理念使监管者把发证看作是监管的主要途径,要破解中国食品安全监管的困局,不只是监管机构撤并的问题,更承载着政府与市场关系建构的重要使命,并提出我国目前的系列改革尽管在某种程度上回应了公众的需求,但充其量只是对发证式监管的漏洞进行修补,要走出监管困局,必须转变思路,重新思考政府与市场的关系,通过开放对话达成食品安全监管共识④⑤。胡颖廉认为我国食品安全问题的成因可归结为产业素质和消费结构等深层次制度环境,"反向制度变迁"的历史路径带来的监管空白,目标多元、职权分散等体制机制障碍,干预、激励和自律政策失灵以及消费者风险认知偏差⑥。他又从生产者行为的角度出发,认为食品生产经营者之所以违法,主要是其所处的社会环境促使其产生可以违法的主观判断,当监管威慑力度不强且守法的经济激励不足时,理性的生产经营者往往会选择违法行为⑦。吴元元认为,声誉机制创设的威慑充分虑及企业的长期现金流,借助无数消费者的"用脚投票"作用于

① 定明捷,曾凡军.网络破碎、治理失灵与食品安全供给[J].公共管理学报,2009(10):71-73.
② 吕志轩.关于食品安全问题的研究综述[J].德州学院学报,2009(2):73-79.
③ 秦利,王青松.公共治理理论:食品安全治理的新视角[J].长春工程学院学报(社会科学版),2008(2):34-36.
④ 刘亚平.中国式"监管国家"的问题与反思:以食品安全为例[J].政治学研究,2011(2):69-79
⑤ 刘亚平.中国食品安全的监管痼疾及其纠治[J].经济社会体制比较,2011(3):84-92.
⑥ 胡颖廉,李宇.社会监管理论视野下的我国食品安全[J].新视野,2012(1):71-73.
⑦ 胡颖廉.基于外部信号理论的食品生产经营者行为影响因素研究[J].农业经济问题,2012(12):84-89.

企业利益结构的核心部分,因而能够有效阻吓企业进行潜在的不法行为,分担监管机构的一部分执法负荷,是一种颇有效率的社会执法,并提出应当以建立信用档案为核心,使构想中的食品安全信用制度能够对"信息生产-分级-披露-传播-反馈"全程整合,那么其将成为一个有效的信息基础[①]。崔焕金和李中东指出,食品安全治理实质上是促使企业更好地履行产品质量合约问题。食品安全合约的缔结,不仅取决于市场主体间不断反复的市场博弈,而且受制度环境的外在约束。总之,食品安全治理合约的缔结就是市场主体在既有制度环境约束下,追求包括内在交易费用和外在交易费用在内的总交易费用或治理成本最小化的结果。同时,食品安全质量合约的缔结模式与治理机制演进具有一定的内在规律[②]。刘飞和李谭君指出,在食品安全管制视野中,最主要的行动者有国家、市场和消费者,认为在国家与市场协同方面,政府不仅应当对食品生产者或企业的违法行为进行反向制裁,更应当将反向制裁与正向激励相结合;国家与消费者协同方面,政府应该为消费者在制度与信息方面进行增权,消费者也要监督政府的食品安全治理行为,使之不敢懈怠;消费者与市场协同方面,消费者应该通过退出、谏言与忠诚的方式来参与到食品安全治理中来。最后提出我国要迈向食品安全的善治[③]。谢康指出中国食品安全治理不仅需要依赖企业自身的技术进步和管理规范,以及强化企业的社会责任和道德伦理,更需要通过信息可追溯等技术来促进食品质量信息的传递,通过社会媒体、行业组织、虚拟社区团体等多主体来形成共同监督的社会治理模式[④]。

因为每个消费者对食品质量安全的消费都不会影响其他消费者对于食品安全的消费,因此食品质量安全具有非竞争性的特征。食品质量安全一旦被提供,所有消费者都会从中受益,很难排除任何一个消费者对食品安全的享用,因此食品安全具有非排他性的特征,所以食品质量安全是典型的公共产品[⑤]。随着理论与实践的发展,人们逐渐清楚地认识到:市场是不完善的,而政府行为作用也存在不完善[⑥]。因此,需要政府与市场进行结合,达到最好的治理状态。

① 吴元元.信息基础、声誉机制与执法优化——食品安全治理的新视野[J].中国社会科学,2012(6):115-208.
② 崔焕金,李中东.食品安全治理的制度、模式与效率:一个分析框架[J].企业发展,2013(2):134-141.
③ 刘飞,李谭君.食品安全治理中的国家、市场与消费者:基于协同治理的分析框架[J].浙江学刊,2013(6):215-221.
④ 谢康.中国食品安全治理:食品质量链多主体多中心协同视角的分析[J].产业经济评论,2014(3):18-26.
⑤ 史楠.我国食品安全监管体制研究[D].河南大学,2011.
⑥ N·格里高利·曼昆.梁小民译.经济学原理[M].北京:机械工业出版社,2005.

第三节　水产品质量安全政府规制

水产品在我国属于农产品大类,因此有必要先了解农产品和农产品质量安全的定义。根据《农产品质量安全法》对农产品的定义,农产品是指来源于农业的初级产品,即在农业活动中获得的植物、动物、微生物及其产品,包括食用和非食用两个方面。在农产品(包括水产品)质量管理方面,大家常说的农产品,多指食用农产品。农产品质量安全的概念在不同的学科有不同的表述:从卫生的角度表述为,农产品中不含有导致消费者急性或慢性毒害或疾病感染的因素,或不含有产生危及消费者及其后代健康隐患的有毒有害因素;从管理的角度表述为,农产品的种植、养殖、加工、包装、贮藏、运输、销售、消费等活动符合国家强制性标准和要求,不存在损害或威胁消费者及其后代健康的有毒有害物质[1]。

水产品作为人类生活的必需品,其质量和安全直接关系到人民的生命和健康,关系到社会的和谐稳定。水产品主要包括海水和淡水脊椎动物、软体及甲壳类动物和其他水产生物,以及这些生物的冷冻品和产品。在交易市场上,水产品的范围较大,大致有鲜活水产品、冷冻水产品和加工水产品。本书所界定的水产品,也特指可以食用的水产品。水产品质量安全即指水产品中不含有可能损害或者威胁人体健康的有毒、有害物质或因素,从而导致消费者急性或慢性毒害或感染疾病或产生危及消费者及其后代健康的隐患[2]。

通过前面文献的阐述,我们知道水产品市场本身存在市场失灵,市场本身无法克服市场失灵的问题。因此,在经济活动中,政府应该发挥积极作用矫正市场失灵,发挥积极的作用则是指政府规制治理[3]。由此可见,水产品质量安全管理需要政府规制。

美国学者卡托(Cato)在一篇题为《海洋食品安全:海洋食品危害分析和关键控制点规制经济学》的渔业技术报告中,较早对海洋水产品质量安全的问题进行了研究[4]。水产品质量安全一直是世界各国和相关国际组织关注的焦点,FAO为

---

① 樊红平、叶志华. 农产品质量安全的概念辨析[J]. 广东农业科学,2007(7):88－90.

② 林洪. 水产品安全性[M]. 北京:中国轻工业出版社,2005:8.

③ Stiglitz JE. Economics of the public Sector. 2nd ed. New York:Norton, 1988:189－222.

④ CATOJC. Economic Values Associated with Seafood Safety and Implementation of Seafood Hazard Analysis Critical Control Point (HACCP) programme. Rome:FAO Fisheries Technical Paper, 1998 (381):70－71.

此开展多项研究报告。如 2003 年《海产品质量安全管理与评估》①,2005 年《现代分析技术应用于保障海产品安全性与可认证性》②。2007 年美国东北大西洋渔业管理委员会(North East Atlantic Fisheries Commission,NEAFC)专门召开关于鱼和渔产品追溯体系的会议,为可追溯体系在渔业管理中的应用出谋划策③。

2008 年,"FAO 水产养殖认证指南专家研讨会"在北京召开,重点研讨并形成《FAO 水产养殖认证指南》终稿,这对提高我国水产养殖产品质量安全水平起到了促进作用④。

国外对水产养殖产品质量安全认证研究主要集中在 HACCP 认证的作用与成本以及采用量化分析的方法上。丸山(Maruyama)等认为 HACCP 体系有利于确保食品质量安全和恢复消费者的信任⑤。雅克(Jacques)认为当前各种认证增加了企业的成本,有必要对现有的认证成本和效率做出重新评价⑥。

国内对食品安全管理政府规制的研究,主要集中在政策层面的描述及其对现有管理措施的分析上。相对于其他农产品,水产品质量安全方面的政府规制和政策研究的文献不是很多,从现有的文献来看,主要从法律法规体系、标准化体系、检测体系、认证体系和行政执法监管体系展开。

在法律法规体系方面,刘俊荣介绍了欧盟《Tracefish 计划》的实施状况,建议我国应尽快建立水产品可追溯体系⑦。马立军等人对日本水产品质量安全卫生管理法规和技术体系作了研究综述⑧。邵桂兰等研究了挪威的先进经验,发现其渔业管理机构的设置不按养殖、捕捞、加工划分,而是由各区域办派驻的检查官负责

① FAO. Assessment and Management of Seafood Safety and Quality [R]. FAO Fisheries Technical Paper, No. 444. FAO, 2003.

② FAO. Application of modern analytical techniques to ensure seafood safety and authenticity [R]. FAO Fisheries Technical Paper, No. 445,2005.

③ NEAFC. Tracebility of fish and fish products [R]. PECCOE Agenda Item 11 For information PE 2007 - 01 - 11.

④ 农业部. 联合国粮农组织正在制定统一的 FAO 水产养殖认证指南. [DB/OL] http://www. agrigov. cn/xxlb/t20080507_1034152. htm, 2008/05/07.

⑤ Maruyama A, Kurihara S, Matsuda T. The 1996 E. coli O 157 outbreak and the introduction of HACCP in Japan. The economics of HACCP: Costs and Benefits Eagan Press, St Paul, Minnesota, 2000: 315 - 334.

⑥ Zuurbier JTP. Quality and safety standards in the food industry, develoment and challenges. Production Economics, 2008(113): 107 - 112.

⑦ 刘俊荣. 国际水产品市场法规新趋势: 欧盟 Tracefish 计划[J]. 水产科学,2005(4): 42 - 43.

⑧ 马立军,吴红光. 日本水产品质量安全卫生管理技术法规和标准现状介绍[J]. 科学养鱼,2005(4): 6 - 7.

辖区内渔政及各类水产企业质量等事务,减少了部门间相互协调所产生的内耗;产业链各环节都严格按照法律规定操作,确保水产品从原料到成品的质量安全①。张明等人解析了欧盟的水产品新安全卫生法规,认为欧盟水产品新安全法规为规范我国水产业生产加工提供了良好的契机②。刘锡胤等人指出我国水产养殖存在执法主体不明确,执法队伍力量薄弱,执法水平有限,水产养殖法律法规体系尚不完善等问题③。

在标准化体系研究方面,柳富荣认为水产品质量安全体系的建设必须加快标准的修订工作,需要抓好生产投入品、养殖技术规程、产品质量安全检测方法、渔业水域环境等标准化的修订,通过标准修订和强制执行,以确保水产品质量安全④。在检测体系研究方面,樊红平等人对中美农产品质量安全检验检测体系进行比较分析,认为我国农产品检验检测体系与美国还存在很大差距⑤。穆迎春等人对比分析国内外水产品质量安全检验检测体系,提议通过完善法规、标准体系,提高研发检测技术和加大经费投入来支持水产品检验检测体系建设⑥。宋怿分析了我国水产养殖认证的特点,对存在问题提出了建议,介绍了与国际接轨的中国良好农业规范(ChinaGAP)和水产养殖认证协会(ACC)认证在我国的实施状况⑦。虞鹏程等人在网箱养殖斑点叉尾鮰中应用HACCP体系,将网箱选址、鱼种来源、水质检测、饲料供应作为危害分析及关键控制点⑧。艾红概述了我国对虾出口三大消费市场的贸易壁垒,我国对虾出口遭遇的主要贸易壁垒及其对对虾产业的影响,并针对出口企业存在的问题,提出完善对虾质量体系要从源头上控制和保证对虾出口产品的质量,建立对虾苗种市场准入制度,建立有效的防疫机制,推广无公害养殖⑨。Fan H,Ye Z,Zhao W等通过调查中国四所城市的水产品质量安全认证状况,认为发展中国家水产品质量安全认证最主要的障碍是缺乏市场承认⑩。杜永

① 邵桂兰,刘景景,邵兴东. 透过挪威经验看我国水产品质量安全管理体系与政府规制[J]. 中国渔业经济,2006(5):17-20.

② 张明,管恩平. 欧盟水产品新安全卫生法规及我国应对措施[J]. 中国食品卫生杂志,2007(5):426-428.

③ 刘锡胤,于文松,丛日祥. 水产养殖执法面临的主要问题及相应对策[J]. 现代渔业信息,2008(2):20-22.

④ 柳富荣. 浅议水产品质量安全体系建设[J]. 渔业致富指南,2008(19):17-19.

⑤ 樊红平,王敏,王芳. 中美农产品质量安全检验检测体系比较研究[J]. 家畜生态学报,2008(6):1-5.

⑥ 穆迎春,宋怿,马兵. 国内外水产品质量安全检验检测体系现状分析与对策研究[J]. 中国水产,2008(8):19-21.

⑦ 宋怿. 我国水产养殖领域质量安全认证[J]. 中国科技成果,2007(24):17-19.

⑧ 虞鹏程,简少卿,袁敏义. HACCP体系在斑点叉尾鮰人工繁殖中的应用[J]. 淡水渔业,2007(4):72-75.

⑨ 艾红. 我国对虾出口遭遇的主要贸易壁垒及其应对措施[J]. 中国渔业经济,2008(1):66-68.

⑩ Fan H,Ye Z,Zhao W. Agriculture and food quality and safety certification agencies in four Chinese cities. Food Contral,2009(20):627-630.

雄认为我国水产品质量安全的实现是渔业增长新方式,论述了我国水产品出口主要的认证标准,提出了加强水产品出口认证的相关建议[1]。

在水产品质量安全行政监督管理体制方面,李颖洁在其硕士论文中认为水产品质量安全问题已成为制约和影响渔业可持续发展的一个重要因素,分析了水产品出口贸易竞争力状况,提出加强水产品质量安全管理势在必行,从政府管理、监督检测体系、水产品质量标准体系、养殖投入品管理、无公害水产品示范区、引进先进工业6个途径加强我国水产品质量安全管理[2]。刘景景在其硕士论文中认为尽管政府已对水产品质量安全问题非常重视,但出口水产品的质量安全事件却频频发生,导致我国水产品出口受阻,并着重从政府规制理论的角度,提出应该对我国水产品出口加强政府管理。邵征翌在其博士论文中,对水产品质量安全管理的历史进行了简要回顾,并对良好操作规范(GMP)、HACCP和风险分析等食品安全管理理论方法进行描述,同时指出政府在食品链管理中的重要作用,并提出将从池塘到餐桌全程管理作为解决水产品质量安全的战略选择[3]。李可心和朱泽闻认为水产品质量安全问题是关系渔业产业发展的关键问题,渔业管理部门应加强机制建设,包括科技创新和服务机制、疫情监测预报及应急反应机制、质量安全检测监管及认证机构、养殖业安全联合执法这4个方面的机制建设[4]。孙志敏通过对水产品质量管理理论与国外管理实践进行分析研究,结合我国国情和渔业发展现状,提出应创新管理模式,构建统一协调、分工明确的食品(含水产品)管理机构——国家食品安全委员会;应建立健全水产品质量管理法律保障体系、质量标准体系、检验监测体系、认证认可体系、科技支撑体系、信息交流体系和安全预警体系;应强化水产品质量安全管理手段,建立和完善市场准入制度[5]。刘新山和高媛媛对我国相应水产养殖产品行政监管问题进行了详细分析,最后提出要加强行政监管具体措施[6]。郑建明、张相国和黄滕指出政府的政策制定和实施对养殖户的生产行为与经济效益具有重要影响的客观现实,并且基于对上海市养殖户生产行为和经济效益的调查,创新性地应用两阶段平均处理效应模型计量实证分析了水产养殖质量

---

① 杜永雄.浅谈我国水产品出口认证体系发展趋势[J].中国渔业经济,2009(2):29-32.

② 李颖洁.加强水产品质量安全管理,提高水产品国际竞争力研究[D].对外经济贸易大学,2002.

③ 邵征翌.中国水产品质量安全战略管理研究[D].中国海洋大学,2007.

④ 李可心,朱泽闻.机制建设与水产品质量安全管理[J].中国渔业经济,2008(4):31-34.

⑤ 孙志敏.中国养殖水产品质量安全管理问题研究[D].中国海洋大学,2007.

⑥ 刘新山,高媛媛,李响.论水产品质量安全行政监管问题[J].宁波大学学报(人文科学版),2009(1):125-129.

安全政府规制对养殖户经济效益的影响[①]。

第四节　食品质量安全可追溯治理

可追溯性能解决食品安全信息不对称的问题，有效控制食品质量安全。食品可追溯体系被认为是可以向消费者传递食品质量与安全信息，识别食品安全风险来源的一个有机体或平台[②]。国际标准化组织（International Standards Organization，ISO）和国际食品安全法典委员会（Codex Alimentarius Commission，CAC）两大国际标准组织，分别对可追溯性做出过定义。国际标准化组织（ISO 8042：1994）的定义是，"通过登记的识别码，对商品或行为的历史、使用或位置予以追踪的能力"。2000年，ISO 发布了 ISO 9000：2000《质量管理体系基础和术语》，代替 ISO 8402：1994，我国同年将其等同转化为 GB/T 19000－2000。ISO 9000：2000 的第 3.5.4条将 ISO 8402：1994 的可追溯性定义进行了稍许修改，规定"可追溯性"指追溯所考虑对象的历史、应用情况或所处场所的能力，继续采用产品可追溯性的含义的内容。ISO 22000：2005《食品安全管理体系食品链中各类组织的要求》（GB/T 22000—2006）直接引用了 ISO 9000：2000 对可追溯性的定义。

我国也有其他标准采用了该定义，如国家标准 GB/T 20014.1—2005《良好农业操作规范　第 1 部分：术语》规定，可追溯性是指通过记录证明来追溯产品的历史、使用和所处位置的能力（即材料和成分的来源、产品的加工历史、产品交货后的销售和安排等）；农业行业标准 NY/T 1431—2007《农产品追溯编码导则》规定，可追溯性是指从供应链的终端（产品使用者）到始端（产品生产者或原料供应商）识别产品或产品成分来源的能力，即通过记录或标识追溯农产品的历史、位置等的能力。

2006 年，国际食品安全法典委员会制定了标准 CAC/GL 60—2006《食品检验和认证体系中运用可追溯性/产品追溯的原则》，将可追溯性定义为"在特定生产、加工和分配阶段跟踪食品流动的能力"，并将可追溯性与产品溯源作为同一术语。此后，ISO 制定的食品标准中，沿用了 CAC/GL 60—2006 对可追溯性的定义，如

---

① 郑建明，张相国，黄滕.水产养殖质量安全政府规制对养殖户经济效益影响的实证分析——基于上海的案例[J].上海经济研究，2011(3)：21－26.

② Souza Monteiro DM. Theoretical and Empirical Analysis of the Economics of Traceability Adoption in Food Supply Chains：[Doctor's Dissertation]. US：the Graduate School of the University of Massachusetts Amherst，2007.

ISO 22005：2009《饲料和食品链的可追溯性体系设计与实施的通用原则和基本要求》,同时对定义中的"流动"进行了解释,即"流动"可能涉及食品或饲料原材料的来源、加工历史或分配。总的来说,可追溯性的定义为"通过登记的识别码,对商品或行为的历史和使用或位置予以追踪的能力",是利用已记录的标记(这种标识对每一批产品都是唯一的,即标记和被追溯对象有一一对应关系,同时,这类标识已作为记录保存)追溯产品的历史(包括用于该产品的原材料、零部件的来历)、应用情况、所处场所或类似产品和活动的能力。在实践中,可追溯性指的是对食品供应体系中食品构成与流向的信息与文件记录系统。

　　市场上的食品安全水平是由供求双方共同决定的,如果消费者对高质量食品的边际支付能力较低,那么企业就难以回收为提供优质食品而付出的高成本,从而导致市场上的食品质量安全只能处于较低水平。安东尼奥(Antoniol)等人设计了养殖水产品质量安全管理程序,将鱼苗、饲料、药物和养殖用水等涉及水产品质量安全的信息电子化,从而实现养殖水产品信息全程可追溯[1]。加拿大学者霍布斯(Hobbs)对肉类供应链的可追溯性进行了研究,认为可追溯体系具有事前质量证明和事后质量责任追溯的作用,政府有必要鼓励企业披露质量安全信息[2]。食品安全可追溯性的采用可以激励政府机构纠正市场失灵[3]。食品质量安全可追溯体系的应用,能够减小食品安全问题的影响范围以及发生问题后的成本,加强企业的责任感以及对相关信息的公布,是该系统在全社会范围内得到推广的重要原因[4][5]。麦克唐纳(MacDonald)指出在食品安全管理方面,对食品可追溯性的要求越来越高。在食品的交易活动中,通过产品供应链来追踪源头产品的能力是交易合同增加的原因之一[6]。在可追溯标签标识制度方面,FAO 也提出标签制度有利

---

[1] Antoniol G, Gaprile B, Potrich A, et al. Design-code Traceability Recovery: Selecting the Basic Linkage Properties. Science of Computer Programming, 2001,40(2-3):213-234.

[2] Hobbs JE. Consumer Demand for Traceability. International Agricultural Trade Research Consortium, No. 4,2003:58-69.

[3] Golan E, Krissof B, Kuchler F, Calvin L, Nelson K, Price G. Traceability in the U. S. Food Supply: Economic Theory and IndustriesStudies, Agricultural Economic Report No. 830, March 2004.

[4] Pettitt RG. Traceability in the Food Animal Industry and Supermarket Chains. Scientific and Technical Review, No. 20,2001:584-597.

[5] Souza Monteior DM, Caswell J. The Economics of Implementing Traceability in Beef Supply Chain: Trends in Major Producing and Trading Countries [A]. Annual meeting of the Northeastern Agricultural and Resource Economics Association, Hail fax, Nova Scotia, 2004.06.

[6] MacDonald J, Perry J, Ahearn M, Banker D, Chambers W, Dimitri C, Key N, Nelson K, Southard L. Contracts, Markets, and Prices, Organizing the Production and Use of Agricultural Commodities. Economic Research Service, USDA, Agricultural Economic Report, No. 837, November 2004.

于加强水产品质量安全管理。尽管标签制度提供关于产品额外的生态信息通常是自愿的,但 FAO 意识到标签制度可能有助于改善渔业管理,于是在 1998 年召开了一次相关的技术咨询会议①。特哈斯(Tejas),格雷格(Greg)和詹尼弗(Jennifer)等人指出,美国食品科技协会在 2011 年分 3 次举行了可追溯研究峰会,以期解决如何满足日益增长的农业和食品的可追溯性要求。食品行业企业,贸易协会,当地州政府和中央政府,可追溯解决方案的提供者,非盈利组织和消费者阶层等都参与了这次会议。这次会议提炼了可追溯的概念,并就如何实现食品可追溯性达成了协议的基本原则和整体设计期望的方法②。然而随着市场参与者与农户数目的增加,个体企业供给安全食品的行业声誉动机会下降,在给定产业规模下农户或者加工与经销权商规模越大,其供给的食品安全的可能性越高。因此,纵向整合和排他性合同可以替代用于区隔供应商原材料的技术措施,可追溯性的发展趋势可能是纵向合作的进一步增强。

国内外学者对政府建立可追溯体系的研究一直非常重视,政府介入并干预食品可追溯体系的建立和执行是必要的。可追溯性是政府规制或私人企业外生性设定的体系,政府采用可追溯体系来矫正市场失败,企业采用追溯到种养源头的体系来提供更多供应商附加信息、转移责任到上游并确保食品安全或产品质量责任的落实,从而降低食品安全问题发生概率,传递高质量的信号③④。可追溯体系为消费者提出产品属性要求或者为消费者看重的其他属性提供证明,在高质量安全责任处于变化状态的情形下,可追溯体系可提高食品安全水平。戈兰(Golan)对美国食品供应链的可追溯性研究指出,政府强制能够解决市场失灵条件下可追溯体系的供给不足,政府强制企业实施可追溯体系的最佳对策是保证不安全食品或劣质食品能够快速从市场上去除,允许企业在达到可追溯目标要求的情况下弹性决定行为方式,可以采取制订严格的不安全食品召回标准,增加对生产不安全食品企业的惩罚、加强对食源性疾病危害的监控等措施。有效的食品追踪机制可以帮助政

---

① FAO(2009) Guidelines for the ecolabelling of fish and fishery products from marine capture fisheries. Revision 1. Rome Available: http://www. fao. org/docrep/012/i1119t/i1119t0. htm. Accessed: April 2012.

② Tejas Bhatt, Greg Buckley, Jennifer C. et al. Making Traceability Work across the Entire Food Supply Chain, Journal of Food Science Vol. 78, S2,2013; 21 - 27.

③ Hobbs JE. Information asymmetry and the role of traceability systems. Agribusiness. 2004,20(4): 397 - 415.

④ Meuwissen MPM, Velthuis AGJ, Hogeveen H, et al. Traceability and certification in meat supply chains. Journal of Agribusiness, 2003,21: 167 - 181.

府追踪食物链条的每个环节,最大限度降低事故风险,减少相关疾病的扩散概率[①]。Starbird 认为有效的可追溯体系应准确快速地从供应链中识别不安全食品,无效的可追溯体系是在识别提供不安全食品的企业责任时存在误差。降低抽样误差、检测误差和可追溯误差能够减少企业的道德风险,激励企业生产更多安全食品[②]。阻碍中国农产品出口的食品安全丑闻一直是一个主要的研究课题,这些研究主要是要揭开中国食品安全的政策的弱点和根本缺陷[③④]。沙勒布瓦(Charlebois)和麦凯(MacKay)已经对世界上主要国家的食品安全可追溯的发展情况进行了研究[⑤]。任何有关水产品的可追溯方面的标签计划,无论是自愿的还是立法的,规范监管都是为了防止滥用和欺诈[⑥]。

更进一步的是,西尔万(Sylvain),布莱恩(Brian),萨娜(Sanaz)和桑迪(Sandi)采用 10 个指标体系,通过广泛的数据、资料收集和整理,对世界上的主要国家食品可追溯体系的规制和要求做了比较分析,得出挪威和瑞典的食品安全可追溯体系是比较先进的,美国、日本和加拿大等国家食品安全可追溯体系发展情况处于中等水平,而中国的食品安全可追溯发展仍有待完善。在该文章中,作者进一步指出,国际上的主要国家有必要建立统一的食品安全可追溯体系,并且期望欧盟国家食品安全可追溯体系能够得到广泛的认可和推广[⑦]。何娟试图用中国渔业经济发展的一些固有的发展困境,解释政府监管失灵的根源,并进一步分析了中国政府发展渔业国家贸易的机会和渠道[⑧]。面对食品质量安全问题,国外学者一致认为食品安全危机治理失败的根源是制度与管理政策的不稳定,食品安全只有在标准设定、立法与管制一致的情形下才能确保。

---

① Popper, Deborah E. Traceability: Tracking and Privacy in the Food System. Geographical Review, Vol. 97, No. 3, July 2007.

② Starbird SA, Amanor-Boadu V, Roberts T. Traceability, Moral Hazard, and Food Safety. Congress of the European Association of Agricultural Economists, No. 12,2008: 346 – 378.

③ Dong FX, Jensen HH. Challenges for China's agricultural exports: compliance with sanitary and phytosanitary measures, Choices 22,2007: 19 – 24

④ Mol APJ. Governing China's food quality through transparency: a review. Food Control, No. 43,2014: 49 – 56.

⑤ Charlebois S, MacKay G. 2010. World ranking: 2010 Food Safety Performance. http://www. school of public policy. sk. ac/-documents/-publications-reports/food-safety-final. pdf. Accessed 2014 July 9.

⑥ Stokstad E(2010) To fight illegal fishing, forensic DNA gets local. Science 330: 1468 – 1469.

⑦ Sylvain Charlebois, Brian Sterling, Sanaz Haratifar, Sandi Kyaw Naing, Comparison of Global Food Traceability Regulations and Requirements. Comprehensive Review in Food Science and Food Safety, Vol. 13,2014: 1104 – 1123.

⑧ Juan He, A review of Chinese fish trade involving the development and limitations of food safety strategy, Ocean & Coastal Management 116,2015: 150 – 161.

在产业链条中,食品在每一个环节都有被污染的可能性,并且,任何一个环节出现污染问题都必然导致食品质量安全问题的发生,从而威胁食品的安全消费。因此,很多国家都实施了食品质量安全可追溯监管体系[①]。周洁红以信息不对称理论为背景,探讨了食品质量安全管理中信息不对称与政府监管机制的问题,并指出政府可以结合市场准入、检查监督和安全标识 3 项制度以节约信息的揭示和管理成本[②]。杨永亮认为在没有建立可追溯制度以前,供应链中每一环节的生产经营主体往往不易追溯,甚至互相推诿,所保存的信息也不完整,因此无法确定问题出现的具体环节,责任不明确,导致政府难以监管[③]。周峰和徐翔对欧盟食品安全可追溯制度的相关法律法规、内容、可追溯技术三方面进行了分析,提出建立我国食品安全可追溯制度的建议:建立法律法规,加强包装和标识,加强食品安全可追溯技术,结合食品安全可追溯制度与 HACCP 等质量管理体系,通过示范推进我国食品安全可追溯制度的建立和实施[④]。陈小鸽认为可追溯性是确保食品安全的有效工具,快速有效的可追溯性能够维护消费者对所消费食品生产情况的知情权,提高产品安全性监控水平和食品安全突发事件的应急处理能力,强化动物疾病控制[⑤]。刘圣中提出可追溯机制就是对企业销售的产品可以通过一系列信息记录查出该产品原料、运输、生产、流通、销售每个环节的具体细节,最终发现产品责任单位和责任人。这一机制能够比较有效地控制产品质量,同时能有效地处理危机事件[⑥]。王蕾和王锋从可追溯系统技术创新特征出发,提出可追溯系统有效实施的分析框架,认为农产品质量安全的监控和保证是可追溯体制实施的根本目的,有效实施可追溯体制能降低供应链各主体间的信息不对称性[⑦]。

国内学者对可追溯政府管制的研究正处于呼吁和展望阶段。曾令发[⑧]和周波[⑨]认为治理理论为管制开辟了新的思路:通过市场、政府机构以及市民社会所组成的政策网络系统的合作共治来解决社会性管制存在的问题。刘俊华、王岩峰和

① 周应恒,耿献辉.信息可追踪系统在食品质量安全保障中的应用[J].农业现代化研究,2002(11):451 - 454.
② 周洁红,黄祖辉.加强食品安全政府责无旁贷[J].今日浙江,2003(4).
③ 杨永亮.农产品生产追溯制度建立过程中的农户行为研究[D].浙江大学,2006.
④ 车文辉.发达国家如何求解食品安全之惑[J].求是,2011(18):58 - 59.
⑤ 陈小鸽.建立有效的禽产品质量安全追溯体系[J].中国家禽,2008(17):61 - 62.
⑥ 刘圣中.可追溯机制的逻辑与运用—公共治理中的信息、风险与信任要素分析[J].公共管理学报,2008(4):33 - 39.
⑦ 王蕾,王锋.农产品质量安全可追溯系统有效实施的影响因素[J].兰州学刊,2010(8):40 - 42.
⑧ 曾令发.管制政策的变迁:一种回溯性政策分析[J].理论探讨,2006(4):135 - 138.
⑨ 周波.柠檬市场治理机制研究述评[J].经济学动态,2010(3):131 - 135.

都娟等认为食品可追溯系统是食品质量安全控制体系中的重要组成部分,实现消费者、企业、政府之间的信息共享是实施食品可追溯系统的关键,并为我国食品安全可追溯系统的完善与推广提供了思路①。张婷和韩剑众指出可追踪系统的建立必须依靠政府调控和市场调节共同发挥作用,可追踪系统本身并不能制造生产出安全、高品质的食品,知道某一产品在供应链中所处的位置并不能改善企业管理,保障食品安全。食品质量安全的实现还有赖于实时的送货系统、详尽的库存清单记录以及有效的安全控制措施②。施晟和周德翼指出,为了建立有效的信息发现和显示机制,世界各国纷纷推行可追溯系统以增强食品安全信息的透明度。政府通过严格监管对供应链施加检测压力,同时通过提供有效的信号以便消费者决策,形成"优质优价"的制度激励③。刘华楠和李靖从水产品追溯系统、标准、技术、供应链等方面对发达国家水产品追溯制度进行了比较研究④。赵蕾、杨子江和宋怿认为尽管政府在食品质量安全管理中发挥着重要作用,但是,政府在水产品追溯体系建设中应该重视自身的职能定位⑤。黄磊、宋怿和冯忠泽等认为在市场准入制度中,可追溯技术体系在解决市场失灵和政府失灵问题上具有保证产品信息有效记录和传递、快速准确识别责任主体、满足多方获取信息的能力等作用。因此,可追溯技术体系需具备信息记录、信息传递、信息载体和产品追溯信息平台这 4 个要素,还需要面对水产品特性和行业现状中的诸多难点。现有关于水产品质量安全可追溯技术体系的研究,可以满足市场准入制度和可追溯技术体系建设的基本要求⑥。白慧林和李晓菲指出,食品安全可追溯制度是实现食品安全监管的重要手段,提出明确责任主体、强化政府监管职责、激励企业积极参与、加快相关配套体系建立的建议⑦。龚强、张一林和余建宇等研究了如何通过信息揭示提高食品安全监管的效率,特别强调了社会监管在降低逆向选择和道德风险方面的作用⑧。罗斌在阐述加快建立统一农产品质量安全可追溯体系现实意义的基础上,探讨了可

① 刘俊华,王岩峰,都娟.基于信息共享的食品可追溯系统研究[J].农业标准化,2006(12):32-35.

② 张婷,韩剑众.可追踪系统在食品安全控制和监管中的应用及研究进展[J].食品研究与开发,2007(8):171-175.

③ 施晟,周德翼,汪普庆.食品安全可追踪系统的信息传递效率及政府治理策略研究[J].农业经济问题,2008(5):21-25.

④ 刘华楠,李靖.发达国家水产品追溯制度的比较研究[J].湖南农业科学,2009(9):152-154.

⑤ 赵蕾,杨子江,宋怿.水产品质量安全可追溯体系构建中的政府职能定位[J].中国水产,2010(8):27-29.

⑥ 黄磊,宋怿,冯忠泽等.水产品质量安全可追溯技术体系在市场准入制度建设中的应用研究[J].中国渔业质量与标准,2011(9):27-32.

⑦ 白慧林,李晓菲.论我国食品安全可追溯制度的构建[J].食品科学技术学报,2013(5):79-82.

⑧ 龚强,张一林,余建宇.激励、信息与食品安全规制[J].《经济研究》,2013(3):135-147.

追溯管理的内涵和发展概况,提出了建设国家农产品质量安全可追溯体系的总体构想和相关政策建议①。

由此可见,可追溯管理体系体现出一种全程监管能力:一是顺向跟踪能力,即按照水产品生产工艺流程的顺序,从上游环节跟踪到下游环节的能力。我们可以沿着供应链跟踪谁养殖生产、谁收购、谁加工、谁运输、谁批发等。这一条对于应急召回非常必要。二是逆向溯源能力,即从产业链的下游环节溯源到上游环节的能力。如在消费者购买鱼时,可以查到产品源头是谁养殖的。这一条对于食品、水产品质量安全事件中查明责任主体非常必要。

第五节 食品安全可追溯治理中的消费者行为

国外学者对消费者的食品消费选择和安全食品消费需求的研究比较成熟,成果也很多。食品可追溯体系为消费者提供了一个获得更多食品质量安全信息的重要渠道,其旨在通过实现溯源为消费者提供真实可靠的信息,以缓解信息不对称程度②。研究表明,食品可追溯体系可以通过提高消费者信任达到恢复消费者信心的效果③。一些学者认为最优的食品安全质量标准主要取决于食品质量风险的感知,一国的食品安全规制环境影响该国消费者的敏感度④⑤。生产者提高食品安全水平会相应增加其食品生产、加工与处理成本。为了确定适宜的食品安全管理与控制投入,决策者需要关注食品安全的目标消费市场规模,需要了解消费者关注食品安全的密切程度、消费者为附加食品安全保障愿意支付的数额。生产经营主体投资额外食品安全保障体系的价值很大程度上依赖于异质性目标消费群体的偏好结构、消费者感知的食品安全增进的相应数量与有效性,执行食品安全的政策时需

---

① 罗斌. 我国农产品质量安全追溯体系建设现状和展望[J]. 农产品质量与安全,2014(4): 3 - 6.

② Hobbs JE. Information asymmetry and the role of traceability systems [J]. Agribusiness, 2004,20(4): 397 - 415.

③ Martinez MG, Epelbaum FMB, Hoorfar J, et al. The role of traceability in restoring consumer trust in food chains [J]. A volume in Woodhead Publishing Series in Food Science, Technology and Nutrition, 2011,17: 294 - 302.

④ Zivin JSG. Ensuring a safe food supply: the importance of heterogeneity. Journal of Agricultural and Food Industrial Organization, 2006,4(2): 1 - 25.

⑤ Glynn TT, Ted CS, Joost ME, et al. Consumer valuations of beef steak food safety enhancement in Canada, Japan, Mexico, and the United States. Canadian Journal of Agricultural Economics, 2009,57: 397 - 416.

要慎重地识别这些差异。消费者偏好与相应的食品安全改善支付意愿将共同促成公共政策的制订与完善。

围绕消费者对食品可追溯体系的认知以及支付意愿的研究一直是一个热点。研究表明,消费者愿意为可追溯体系支付额外的费用,特别是有质量保证体系的可追溯信息。研究者、政府公共卫生管理部门和产品营销人员都理解消费者食品质量安全意识、消费者对食品安全与质量属性的偏好程度对于食品安全供给至关重要。生产安全食品的成本虽然高昂,但消费者质量差异需求客观存在,高质量安全产品的供给者可以通过提高产品销售价格而使生产者得到相应回报。大批学者聚焦于消费者为保障食品安全或降低安全风险而额外支付的意愿及其与消费者特性之间的关系剖析,他们的研究对象遍及多个国家的消费群体。另外一些研究者则尝试考察食品安全态度与食品质量安全风险的预防努力之间的关系、肉类产品召回对消费者需求的影响以及个体如何运用风险学习过程形成对食品安全的判断,试图通过影响消费者有关食品安全的感知来增强安全性。

保罗(Paolo)等的研究认为:尽管可追溯系统的建立会增加供应链一定的成本,食品的价格会部分增加,但收入相对高的消费者愿意承担这些成本[1]。食品安全可追溯性的采用可以激励政府机构纠正市场失灵[2]。狄金森(Dickinson)、贝利(Bailey)[3]和 Hobbs 等人[4]应用实验室拍卖市场机制估计了消费者对可追溯性的支付意愿,发现消费者愿意为可追溯性支付少量的溢价,但是他们更愿意为附加有增加食品安全属性的可追溯性支付更多的溢价。

高(Gao)通过对西班牙消费者和零售商对牛肉供应链执行强制可追溯和标识体系的态度进行调查发现,消费者和零售商对牛肉可追溯体系的正面评价很高,并且认为可追溯体系的缺点很小。消费者对可追溯产品的认知不一,大多数消费者更倾向于了解生产这一环节的信息,并愿意为准确完善的信息支付更多的钱[5]。维姆(Wim)利用模型分析了消费者对牛肉标签上哪些提示信息比较感兴趣,包括

① Paolo De,Castro G. A Conceptual Framework For The analysis Of Vulnerability In Supply Chains. International Journal of Physical Distribution and Logistics Management,Vol. 32,No. 2,2002:110-134.

② Golan E,Krissof B,Kuchler F,Calvin L,Nelson K,Price G. Traceability in the U. S. Food Supply:Economic Theory and IndustriesStudies. Agricultural Economic Report,No. 830,March 2004.

③ Dickinson DL,Bailey D. "Meat Traceability:Are US Consumer Willing to Pay for It?" Journal of Agricultural and Resource Economics,No. 27,2002:348-364.

④ Hobbs JE,Bailey D,Dickinson DL,Haghiri M. Traceability in the Canadian Red Meat Market Sector:Do Consumers Care. Canadian Journal of Agricultural Economics,No. 53,2005:47-65.

⑤ Gaothier M,Anderson RA. Structural Latent Variable Approach to Modeling Consumer Perception:A Case Study of Orange Juice. Agribusiness,2005:14-15.

质量标签、安全保证、法定标准、原产地信息,发现消费者更倾向于认可密封性、保质期等直接表明质量安全保证的信息,通过信息活动的开展能够将消费者注意力转向质量和原产地信息。食品质量标识成为消费者识别食品安全风险的重要手段,但是,标识需要被理解并通过一个可信和可靠的媒介进行传达①。波茨(Potts)、布伦南(Brennan)和皮塔(Pita)等指出,除了提高标签和鱼类产品的可追溯性这些来自上级主管部门的压力,许多消费者也越来越意识到关于渔业的海产品营养问题与环境问题,导致人们对可以接受的物种、捕捉位置和捕捉方法的态度有所变化②。李(Lee)等采用随机 n 级价格拍卖法研究了韩国消费者对于可追溯牛肉的支付意愿,研究结果表明,消费者愿意为可追溯牛肉支付 39% 的溢价③。布莱恩(Brian),马丁(Martin)和本杰明(Benjamin)等人为了获得水产品经营的详细材料,提供可追溯性对提高海产品行业经营绩效影响的相关信息,对 5 个国家的消费者关于海鲜可追溯性的看法进行了调查,得出当消费者在购买海产品时,影响购买决策的关键因素是消费者对水产品安全情况的判断的结论。同时,他们也对 48 个不同的海产品经营企业的可追溯性的做法和系统进行了评估。最后,他们提出了供企业、政府和非政府组织参考的相关建议④。

研究者已经关注了不同食品安全保障体系下的消费者偏好问题,但对于一国消费者之间、国际消费者之间的消费偏好差异程度则甚少涉及。格林恩(Glynn)、泰迪(Ted)和约斯特(Joost)等人对于食品安全边际改善相关的偏好分布特性进行了探索性研究,发现在食品安全相关的成本结构信息不完全的情形下,食品行业质量安全最优投资战略的关键是食品安全改善的实际消费者偏好及其分布特性——反映目标消费群体支付额外费用的意愿与食品安全风险水平降低之间的权衡。而且每个国家食品安全政策的有效性随着对国内消费者之间、不同国家消费者之间的这类差异性的认知程度而变化:日本和墨西哥的消费者愿意为降低牛肉安全风险而额外支付的偏好呈凸形分布,加拿大和美国消费者的额外支付偏好则呈凹形

① Halawany R, Giraud G. Origin: A Key Dimension in Consumers' Perception of Food Traceability [DB/OL]. http://sadapt. agroparistech. fr/ersa2007/papers/1057. pdf, 2007,20.

② Potts T, Brennan R, Pita C, Lowrie G. Sustainable Seafood and Ecolabelling: The Marine Stewardship Council, UK Consumers, and Fishing Industry Perspectives. SAMS Report: 270 - 211 Scottish Association for Marine Science, Oban. 2011: 78.

③ LEE JY. Valuing Traceability of Imported Beef in Korea: An Experimental Auction Approach. Australian Journal of Agricultural and Resource Economics, Vol. 55, No. 3,2011: 360 - 373.

④ Brian Sterling, Martin Gooch, Benjamin Dent, Nicole Marenick, Alexander Miller, Gilbert Sylvia, Assessing the Value and Role of Seafood Traceability from an Entire Value-Chain Perspective. Comprehensive Reviews in Food Science and Food Safety, Vol. 14,2015: 205 - 268.

分布,加拿大、美国、日本和墨西哥消费者额外支付意愿的差异性是食品安全政策抉择的关键;目标消费群体的偏好结构差异能有效解释存在于各国间或一国内的最优食品安全改善措施的差异[1]。

国内学者对食品安全的消费者行为研究起步较晚,研究的对象有一般性的食品安全支付意愿,无公害和转基因食品安全支付意愿,以及禽畜产品质量安全支付意愿,对水产品质量安全支付意愿的研究较少。邵征翌通过研究消费者对安全水产品的选择策略,认为消费者的维权行为有助于约束生产者的机会主义行为[2]。王锋、张小栓和穆维松从实证角度研究了消费者对可追溯性农产品的认知和支付意愿[3]。陈雨生、杨鲜翠和周海玲对消费者可追溯水产品购买行为影响因素进行了实证分析,指出价格、溯源信息信任度、养殖环境、养殖信息和媒体变量是影响消费者可追溯水产品购买意愿的重要因素[4]。王志刚、钱成济和周永刚认为目前消费者对于可追溯体系的认知程度非常低。在强化消费者对可追溯体系的认知后,大多数消费者认为有必要实行可追溯体系,对于具备可追溯体系的食品安全保障能力有较高的信任度[5]。朱淀、蔡杰指出,由于市场需求不足,我国可追溯体系建设发展缓慢,并且以江苏无锡市消费者为例,对影响消费者支付意愿的因素进行了实证研究[6]。山丽杰、徐旋和谢林柏试图将垂直差异化博弈模型应用于食品可追溯体系研究,并通过 Matlab 模拟计算研究企业实施食品可追溯体系对消费者、生产者剩余以及社会福利的影响,以探究食品行业实施可追溯体系的效率,他们发现,消费者因食品安全程度提高获得了更多收益。高质量食品生产者剩余与消费者剩余增量之和超过了低质量食品生产者剩余的减少量。总体而言,社会总福利因食品安全水平的提高而增加[7]。王常伟和顾海英基于功利主义、精英者和罗尔斯社会福利函数的分析,指出食品安全最优规制要同时考虑消费者的效用诉求、认

① Glynn TT, Ted CS, Joost ME, et al. Consumer valuations of beef steak food safety enhancement in Canada, Japan, Mexico, and the United States. Canadian Journal of Agricultural Economics, 2009, 57: 397-416.

② 邵征翌. 中国水产品质量安全管理战略研究[D]. 中国海洋大学, 2007.

③ 王锋等. 消费者对可追溯农产品的认知和支付意愿分析[J]. 中国农村经济, 2009(3): 68-74.

④ 陈雨生, 杨鲜翠, 周海玲. 消费者可追溯水产品购买行为影响因素的实证分析[J]. 中国海洋大学学报(社会科学版), 2012(6): 49-54.

⑤ 王志刚, 钱成济, 周永刚. 消费者对猪肉可追溯体系的支付意愿分析——基于北京市 7 区县的调查数据[J]. 湖南农业大学学报(社会科学版), 2013(6): 7-13.

⑥ 朱淀等. 消费者食品安全信息需求与支付意愿研究—基于可追溯猪肉不同层次安全信息的 BDM 机制研究[J]. 公共管理学报, 2013(7): 129-136.

⑦ 山丽杰, 徐旋, 谢林柏. 实施食品可追溯体系对社会福利的影响研究[J]. 公共管理学报, 2013(7): 103-109.

知的局限性和伦理约束,并提出对低收入者补贴的政策选择[①]。

第六节　食品安全可追溯治理中的生产者行为

实施可追溯性治理的一个重要方法就是要求生产者在所提供的产品上粘贴可追溯性标签。可追溯性标签记载了食品的可读性标识,通过标签中的编码可方便地查找有关食品的详细信息。通过可追溯性标签也可帮助企业确定产品的流向,便于对产品进行追踪和管理。在实践中,"可追溯性"指的是对食品供应体系中食品构成与流向的信息与文件记录系统。

企业食品安全生产行为决定着企业是否提供安全食品,而企业食品安全生产行为很大程度上受各种因素的影响,国外学者主要就下列两方面对食品安全的生产行为进行了研究:①企业对安全产品供给动机的研究;②安全管理规制对企业成本的影响及其企业对规制的反应研究。可追溯治理中的生产者行为研究是从企业的角度展开的,因此,现有的文献中也大致是从建立可追溯体系的生产成本和动机展开的。

安南达尔(Annandale)的研究认为,企业对安全产品的供给动机受企业管理和企业战略的影响[②]。企业是否实施可追溯体系取决于成本和收益,只有当实施可追溯体系的净收益为正数时,企业才会投入。企业根据投入的成本和收益平衡来决定可追溯的有效水平,在市场失灵的条件下,私营企业供给的可追溯水平达不到社会期望水平[③]。卡里诺瓦(Kalinova)和切尔努哈(Chernukha)认为企业有效实施可追溯体系依赖于食品链中各环节的经济活动参与者的合作。斯托弗(Stauffer)和威尔逊(Wilson)认为企业实施追溯体系的主要因素是食品追溯体系建立和运行的成本。Starbird 和文森特(Vincent)在逆向选择背景下使用"委托-代理"模型,研究如何包括可追溯性的合同如何能用来甄别哪个环节不能满足食品的安全规定,并且明确了无视可追溯性的生产者如何被加工者甄别的情况[④]。波略特(Pouliot)

① 王常伟,顾海英.食品安全规制水平的选择与优化——基于社会福利函数的分析[J].经济与管理研究,2013(4):54-60.

② Annandale. Mining company approaches to environmental provals regulation: a survey of senior environment managers in Canadian. Resources Policy, 2000,26:51-59.

③ Golan E, Krissoff B, Calvin L, et al. Traceability in the U. S. Food Supply: Economic Theory and Industry Studies. Agricultural Economic Report, No. 3,2004:1-48.

④ S. Andrew Starbird, Vincent Amanor-Boadu. Contract Selectivity, Food Safety, Traceability. Journal of Agricultural & Food Industrial Organization, Vol. 5,2007 Article 2,1-20.

和丹尼尔(Daniel)认为食品可追溯性越来越受到政策制定者和食品生产企业的关注,并指出在外源性增加食品安全可追溯性的情况下,增加企业的责任成本可以促使食品生产企业和流通企业提供更加安全的食品①。企业愿意采用可追溯体系的动机主要为:保护或者重塑产品、企业、产业或原产国整体声誉,确保产品原产地性质,增强企业对供应链的管理,提高法律补救(如产品召回)与赔偿的有效性。同时,可追溯性增强的食品安全刺激了消费者额外支付的意愿,为提高食品安全声誉创造了新的动力。由于更高的可追溯性,经销商和农户获取了供给安全食品的额外回报,这一结果为产业内的食品安全集体行动提供了理论基础。

当然,各国规范食品质量安全问题的方式折射出其制度特点,所面临的挑战与实施的措施存在巨大差异。例如,尽管美国与英国的食品系统安全水平相似,但是两国的食品安全规制存在根本差异②;墨西哥政府通过直接补贴家禽饲养者来鼓励使用经政府严格检测的屠宰场;中国致力于推行卫生与动植物检疫措施以满足更多发达国家的需求。整体而言,目前各国政府均致力于食品质量安全评价体系的建立,提高质量安全准入标准,加强立法和惩罚力度,规范标识标签制度,强化第三方认证及建立可追溯体系等③④。

国内对企业实施可追溯系统成本收益进行实证分析的较少,郭斌等对转基因食品建立可追溯系统的成本进行了描述性分析⑤。也有部分学者研究企业的实施可追溯体系投资决策行为。山丽杰、吴林海、徐玲玲通过实证研究指出影响企业实施可追溯体系投资意愿的主要因素是企业从业人数、管理者年龄、预期收益和政府优惠政策⑥。胡求光、童兰和黄祖辉对农产品出口企业实施质量安全追溯体系的激励与监管机制进行了分析,提出要建立利益激励机制,完善和规范政府监管机制⑦。吴林海、吕煜昕和朱淀以江苏省阜宁县的生猪养殖户为样本,构建了

---

① Sébastien Pouliot, Daniel A. Sumner. Tracebility, liability, and incentives for food safety and quality. American Journal of agriculture economics. Vol. 90, No. 1, 2008, 15 - 27.

② Hobbs JE. Information asymmetry and the role of traceability systems [J]. Agribusiness, 2004,20(4): 397 - 415.

③ Swinnen JFM, McCluskey J, Francken N. Food safety, the media, and the information market. Agricultural Economics, 2005,32(sl): 175 - 188.

④ Hatanka M, Busch L. Third-party certification in the global agri-food system: an objective or socially mediated governance mechanism? Sociologia Ruralis, 2008,48(1): 73 - 91.

⑤ 郭斌,杨昌举,宋林. 食品信息可追踪系统及其在转基因食品管理中的应用[J]. 中国食物与营养,2004(1): 4 - 6.

⑥ 山丽杰,吴林海,徐玲玲. 企业实施食品可追溯体系的投资意愿与投入水平研究[J]. 华南农业大学学报(社会科学版),2011(4): 85 - 92.

⑦ 胡求光,童兰,黄祖辉. 农产品出口企业实施追溯体系的激励与监管机制研究[J]. 农业经济问题,2012(4): 71 - 76.

Logistic 模型研究养殖户对环境福利的态度及其影响因素,指出随着社会的进步,我国必须加快普及动物福利的理念,逐步实施生猪福利的政策,推广动物福利的养殖模式,从源头解决禽畜产品的质量安全隐患①。

第七节　文献的简要评述

总体而言,在过去的 20 多年里,食品质量安全管理视角研究在 3 个相互关联的领域得到了快速发展:生产者食品安全行为与战略,食品安全消费者行为和感知,食品安全规制的影响评价。在食品安全可追溯治理领域,也是从食品安全可追溯政府规制、食品安全可追溯生产者行为、食品安全可追溯治理总消费者行为这 3 个方面展开的。

总体来看,现有的文献和理论把食品质量安全问题引入公共治理的分析范畴,打破了社会科学界长期保持的两分法(政府与市场、公共部门与私人部门等)的传统思维方式,在一定程度上突破了传统公共行政学的人性假设,主张"社会的公共行政"和"公私共治",试图通过政府、企业、消费者等主体间互动协调来实现对食品质量安全的治理,食品安全治理实践的最新演化也呈现了这一特征。食品安全控制中食品运营商的参与度与责任心日益增加,这弥补了政府缺乏直接干预监管企业或生产者行为的市场权力与资源的缺陷。与成本和质量安全以及便捷有关的消费者偏好发生变化,传统的食品生产方式正逐步被更加类似加工流程的实践所替代,超越借助食品系统各环节传递偏好信息的现货市场与传统竞价,避免高度专有性资产交易中的机会主义绑架等问题,都推动了价值链上的农户、加工商、零售商与其他利益相关者更加紧密地合作。与此同时,居民收入的提高与食品消费方式改变带来了对高价值的水产品等食品的需求逐渐增长,消费者也越来越关注食品质量安全问题。

通过对食品安全管理的文献梳理,到目前为止,学者们的研究路径逐渐从食品安全政府规制向食品安全治理转变。无论是一般的食品管理,还是带有一定特殊性的农产品质量安全管理,都已经呈现出这一特征。与此同时,研究食品安全可追溯性方面的论文见诸于国内外文献中,在掌握质量安全可追溯性的定义、功能和特

---

① 吴林海,吕煜昕,朱淀.生猪养殖户对环境福利的态度及其影响因素分析:江苏阜宁县的案例[J].江南大学学报(人文社会科学版),2015(3):113-120.

征等基础知识后,国内外学者的观念比较一致。相比之下,国外的文献比较系统和完整,国内的研究则较为分散,所涉及的农产品种类繁多。在研究对象方面,从水产品质量安全可追溯性治理角度进行研究的文献不多,还没有把政府、生产者和消费者结合起来进行系统的研究,忽视了质量安全可追溯系统性特征。但是,上述文献为本研究继续开展水产品质量安全可追溯治理方面的研究提供了良好的思路和可借鉴之处。

　　水产品质量安全问题的规制是现今经济社会发展的重要问题,通过分析食品安全可追溯治理相关领域的文献综述,现有的研究在以下几个方面需要进一步深化:第一,是以某一具体种类的农产品质量安全为研究对象探讨质量安全治理模式。从现有的文献资料来看,以水产品质量安全为研究对象的研究不多,很多文献是按照农产品大类来研究的。水产品的生产、经营和消费模式与其他农产品具有很大的差异,导致各自的质量安全管理水平也存在巨大的差异,各自的责任追溯体系也有差异,因此,有必要分别分类探讨水产品质量安全可治理问题。第二,是基于可追溯信息研究水产品质量安全管理问题。在社会科学领域,我国对水产品可追溯治理的研究才刚刚起步,国内现有的研究大多数是从文字描述的角度研究,缺乏从实证的角度进行分析。如何处理政府、市场和消费者在水产品质量安全治理中的关系,怎么利用市场手段和社会力量治理水产品质量安全问题等需要探讨。关于水产品质量安全可追溯治理问题,还没有形成完整的治理机制和实现路径。

>>> 本章小结

　　本章对涉及食品安全和水产品质量安全可追溯治理的相关文献进行了梳理,并进行了相应评价,指出本研究可以借鉴的文献。

　　文献综述主要从政府规制、食品安全政府规制、水产品质量安全政府规制、食品质量安全可追溯治理的相关文献,食品可追溯治理中的消费者行为,食品可追溯治理中生产者行为等方面展开的,分别对国外学者和国内学者的研究成果进行了梳理。

　　通过文献回顾,可以看出从治理的角度来研究食品安全问题越来越受到研究人员的重视。从现有的文献来看,食品安全治理是一个涉及多元主体的框架,主要包括政府、企业、消费者和第三部门。在食品安全治理社会科学方面的研究,国外的文献逐渐转向对市场、生产者和消费者评价等方面,国内的文献相对来说比较少,但是研究思路和研究方法也逐渐与国际接轨。

　　总的来说,与食品质量安全治理和其他农产品质量安全治理相比,关于水产品质量安全可追溯治理方面的文献比较少,现有的国内文献多数从现象描述方面展开,缺乏实证方面的研究。因此,从实证的角度研究水产品质量安全治理显得非常迫切。

第三章

水产品质量安全可追溯治理的理论基础

治理(governance)一词源于拉丁文和古希腊语,原意是控制、引导和操纵,长期以来与统治(government)一词交叉使用,主要用于与国家公共事务相关的管理活动和政治活动。20世纪70年代末以来,随着经济社会的重大转型,治理理论在社会科学领域受到广泛关注,世界各国政府也纷纷开始以"治理"为理念的政府变革运动。正如戈丹所言,"治理并非是由某一个人提出的理念,也不是某个专门学科的理念,而是一种集体产物,或多或少带有愤商和混杂的特征"①。20世纪90年代以来,经过西方学者的不懈努力,治理理论又有了新的发展。詹姆斯·N·罗西瑙(J. N. Rosenau)作为这一理论的主要创始人之一,在代表作《21世纪的治理》和《没有政府统治的治理》中界定治理为"一系列虽未获得正式授权,但能有效发挥作用的管理机制,其与统治不同,主要是指一种主体未必是政府,也无须依靠国家强制力量实现的,由共同目标支持的活动②。"

但是目前公认最权威的定义还是来自于全球治理委员会。该委员会在1995年发表的《我们的全球伙伴关系》报告中提出:"治理是各种公共的或私人的个人和机构管理其共同事务的诸多方式的总和。它是使相互冲突的或不同的利益得以调和并且采取联合行动的持续的过程。它有四个特点:治理不是一整套规则,也不是一种活动,而是一个过程;治理过程的基础不是控制,而是协调;治理既涉及公共部门,也包括私人部门;治理不是一种正式的制度,而是持续的互动。总的来说,治理的基本含义是指在一个既定的范围内运用权威维持秩序,满足公众的需要。治理的目的是在各种不同的制度关系中运用权力去引导、控制和规范公民的各种活

---

① 让-皮埃尔·戈丹. 钟震宇译. 何谓治理[M]. 北京:社会科学文献出版社,2010:15.
② 詹姆斯·N·罗西瑙. 没有政府统治的治理[M]. 纽约:剑桥大学出版社,1995:5.

动,以最大限度地增进公共利益。

基于治理的内涵和研究视角,维护食品安全不再只是政府的责任,而是包括企业在内的全社会的责任;其管理手段也不再仅仅是强制和服从,而是包括了协商、指导、建议和规划等在内的诸多柔性的工具;它的效力基础也不仅在于统治的权威,而更多的在于共识和认同。食品安全治理要求传统的政府一元监管模式逐步让位于政府、市场和社会协同。多元参与的治理模式,即在食品安全的总体目标下,由政府与社会、公共部门与私人部门之间通过合作互动共同承担起食品安全管理的责任,以使不同主体和手段的功能和作用进行互补①。

第一节　水产品质量安全可追溯协同治理的理论框架

根据西方国家的经验,食品安全治理领域,除了要进一步优化国家在食品安全治理中的作用外,市场与消费者这两大主体的作用也是不容忽视的。只有充分发挥国家、市场与消费者这三大主体的积极性与能动性,食品安全的有效治理才会成为可能。水产品质量安全治理也是一个整体的系统,政府作为其中的一部分,其力量是有限的,除了发挥政府的作用,市场主体和社会主体应该和政府协作,参与到水产品质量安全规制体系里,由政府主导规制、市场和社会发挥监督力量,三者协同共治,形成政府、生产企业和社会三足鼎立的治理局面,使各子系统之间相互交流协调,同时各子系统内部又协调合作,达到对水产品安全的善治。

水产品质量安全治理是一个多元参与的事件,这一多元参与协同治理的模式,摒弃了传统治理模式下政府一家独大的主体设计,而是通过企业社会责任的履行、公民社会的培育、第三部门的有序健康发展,追求政府、企业、消费者等多元主体对水产品质量安全的有效参与。但是这3个主体在水产品质量安全协同治理过程各自发挥不同的作用,其表现如表3-1所示:

表3-1　水产品质量安全治理主体特征比较

主体类别	政府机构	消费者	渔业生产企业
治理领域	公共领域	第三领域	私人领域
代表力量	政府力量	社会力量	市场力量

---

① 江保国. 从监管到治理:企业食品安全社会责任法律促进机制的构建[J]. 发展论坛,2014(1):77-83.

（续表）

主体类别	政府机构	消费者	渔业生产企业
权力属性	公共权力	社会权力	资本权力
依附关系	权威关系	社群关系	契约关系
治理原则	公义与秩序原则	自足参与原则	利润与效率原则
发挥作用	政府宏观调控	中层社会职能	微观经营职能

　　所谓协同治理,是指在网络技术与信息技术的支持下,政府、民间组织、企业、公民个人等社会多元要素相互协调,合作治理社会公共事务,以追求最大化的治理效能,最终达到最大限度地维护和增进公共利益之目的。其中既包括具有法律约束力的正式制度和规则,也包括各种促成协商与和解的非正式制度安排。水产品质量安全可追溯体系能够改善水产品的质量安全,对消费者、水产行业及社会来说均是一件益事,但参与此体系过程的主体是包括相关政府部门、渔业生产企业、第三部门组织、水产品消费者等,实施追溯会增加成本,并会影响各主体参与的积极性,因此需要在政府规制的同时,采取一些激励手段,促进企业参加水产品质量安全可追溯体系,可以有效提高可追溯的实施效果。

　　本书正是采用这一协同治理的理念,参考图3-1的协同治理模型,来构建水产品质量安全可追溯治理的理论框架。从图中可见,水产品质量安全协同治理包括以下几个方面:

　　第一,政府与渔业生产企业之间的协同。政府对水产品安全的监管更多是从

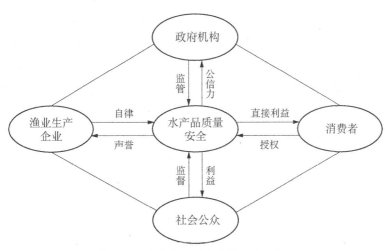

图3-1　水产品质量安全协同治理模型

反向制裁这一面向为切入点的。依据西方食品安全治理经验,恰当的食品安全制度是食品安全的基本保障,但西方的经验还告诉我们,仅仅对食品安全治理采取反向制裁是不够的,必须将反向制裁与正向激励相结合①。正向激励方面,政府应该大力扶持和鼓励有条件的企业和地方建立高于国家标准的水产品质量安全标准,这样就会形成有条件的企业与地方在水产品质量安全标准上的竞争,从而促进全社会水产品质量安全标准的提高。

第二,政府与消费者之间的协同。在传统的食品安全治理框架中,国家是食品安全治理的主体,而消费者则完全处于被动地位。通过文献分析,我们发现水产品安全治理体系分析框架中,缺乏消费者的水产品安全治理机制是不完整的。消费者愿意也应当参与到水产品质量安全治理中来,这基于如下三大理由:①水产品质量安全涉及消费者的切身健康权益,在主观能动性上,消费者最具积极性;②水产品也是一种经验品,消费者能够通过对水产品的购买与消费来掌握第一手经验性信息;③在消费者主权时代,消费者联合起来通过"用脚投票"的方式来惩罚生产者的机会主义行为,从而最大限度地保障水产品安全②。由于现代社会是一个个体化社会,消费者之间处于碎片化与原子化的状态,这使消费者的力量不能最大限度地发挥出来,因而必须为消费者增权。总体来看,消费者增权主要有两大模式:信息增权和制度增权③。

第三,消费者与渔业生产企业之间的协同。随着工业化的展开和城市化的推进,越来越多的人到城市中居住。与传统社会自给自足型的食品供给模式不同,现代社会中食品更多的是通过市场来获得的。针对水产品质量安全治理的现实,消费者应当拿起武器,来捍卫自身的健康权益。因为在消费社会中,消费者不再是市场的傀儡,而成为具有能动性和道德追求的公民消费者。总体来看,消费者捍卫自身健康权益的工具主要包括退出和呼吁。许多水产品质量安全事件中,企业的违法行为都是由媒体、消费者、民间监督机构等社会成员所揭露,社会整体体现出了强大的监督力量和极高的监督积极性。

食品可追溯管理系统的建立、数据收集应包含整个食品生产链的全过程,从原材料的产地信息到产品的加工过程,直到终端用户的各个环节。因此,水产品

---

① 刘飞,李谭君. 食品安全治理中的国家、市场与消费者:基于协同治理的分析框架[J]. 浙江学刊,2013(3):215-221.

② 刘广明,尤晓娜. 论食品安全治理的消费者参与及其机制建构[J]. 消费经济,2011(3).

③ 王宁,消费者增权还是消费者去权——中国城市宏观消费模式转型的重新审视[J]. 中山大学学报(社会科学版),2006(6).

安全可追溯体系是指在水产品生产和流通过程中,对水产品质量安全信息进行记录存储并可追溯的保证体系。一旦水产品出现安全问题,可以马上按照从原料至成品过程中所记载的信息,追踪流向,采取必要措施,对安全危机进行有效控制。

具体来说,水产品可追溯机制包括4个环节:生产企业、流通企业、消费者和政府监管机构,这4个环节之间形成了一个信息输送、互动交流的全息网络。生产企业是这一流程图最关键的节点,无论什么产品,都是从这里被加工制作出来的。第二个重要环节就是流通企业。流通企业是商品进入市场的终端,流通企业被纳入电子监管网络,可以让人们了解产品在流动中的各项信息。第三个重要环节是消费者。消费者是最终使用产品的客体,也是产品质量的最终影响人,还是确定产品质量是否有问题的终端。第四个环节就是负责查处质量问题的权威的政府监管部门,这一环节的重要性体现在责任的追究上。

在水产品质量安全可追溯信息流程(见图3-2)中,水产品质量安全问题涉及面广,从农田到餐桌,要经过生产、加工、运输、储存、销售、烹调、消费等诸多环节,涉及农业、工商、卫生、检查检疫等多个政府部门,任何一个环节出现漏洞,都容易引发食品安全事故。而要处理这一难题,必须突出"协同治理"所强调的治理权威来源及治理主体的多元多维性、社会秩序的稳定性、系统的动态协作性和自组织的调和性。

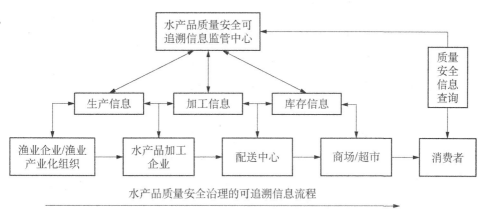

图3-2 水产品质量安全可追溯信息流程

基于协同治理理论的分析,本书试图建立水产品质量安全可追溯治理协同分析框架,并为下面的实证研究奠定基础(见图3-3)。

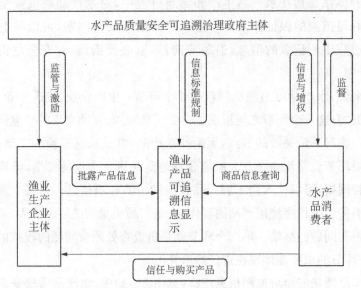

图 3-3　水产品质量安全可追溯协同治理理论分析框架

第二节　信息不对称与水产品安全可追溯治理分析

非对称和不完全信息是信息经济学的基本观点。美国经济学家乔治·A·阿克洛夫(George A. Akerlof)在 1970 年所发表的《柠檬市场：质量不确定性与市场机制》一文中提出著名的"柠檬"市场模型,从而开创了逆向选择理论的先河。不对称信息是指交易双方拥有对方未知的私人信息,也可以说是在博弈中某些参与人拥有但另一些参与人没有的信息。不完全信息是指市场参与者未能掌握某种经济环境的所有知识。

在信息经济学中,商品可以分为搜寻商品和经验商品,而经验商品是需要消费者使用一段时间后才能辨别的商品。食品的质量安全难以辨别,具有经验商品的特征。当食品交易双方的质量安全信息不对称时,一方尤其是销售方易于利用信息的优势获取自身的利益。当信息对称时,购买者难以受到欺骗,因为购买者知道销售者行为的真实性,对其不当行为持怀疑或抵制的态度,从而保护了自身的利益。因此,食品质量安全溯源信息在传递食品质量安全信息方面发挥着重要作用。食品安全问题较为集中地体现了我国经济转型和发展过程中诚信缺失和政府监管不力等一系列问题。食品安全问题之所以容易引起公众的高度关注和大规模的质疑,一方面因为食品安全与人民群众的身体健康息息相关,另一方面同食品作为信任品(credence goods)的性质也有很大关系[①]。

在市场经济活动中,由于买卖双方掌握信息不对称,通常卖方比买方拥有更多的信息,造成买方进行交易和选择时不能进行作为经济人的最优化选择,无法选择质量更好的产品,使更优秀的产品被相对劣质的产品淘汰,使更好的生产者和产品不能进行产品的优化和技术的更新,不能提供更优质的服务,结果导致"劣币驱逐良币"现象的发生,这类现象称为逆向选择。另一方面,市场经济交易主体买卖双方在产品信息不对称的情况下,拥有信息优势的卖方有可能隐瞒产品质量的相关信息,以获取更多经济利益和竞争优势,在此过程中无视或故意损害处于信息弱势一方的买方利益,这类现象被称为道德风险。以上现象最终将导致市场调控失灵,无法达成资源最优化配置,不仅损害了消费者的利益,不利于市场的发展和运行,还不利于市场经济的稳定有序发展和法制化建设等。水产品的信用品特征,是导致水产品市场的信息不对称最主要的原因,从而产生逆向选择和道德风险问题,从而带来整个社会福利的损失(见图3-4)。

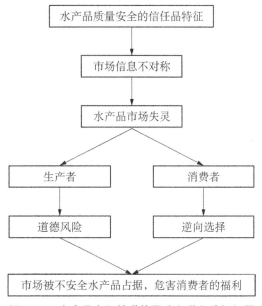

图3-4　水产品市场的道德风险和逆向选择问题

---

① 王永钦,刘思远,杜巨澜.信任品市场的竞争效应与传染效应:理论和基于中国食品行业的事件研究[J].经济研究,2014(2):141-153.

信息不对称市场的治理要通过提高市场竞争性来进行。信号显示机制、声誉机制、质保机制和第三方介入4种机制有利于市场质量安全的治理。其中,信号显示机制有效地解释了水产品质量安全可追溯体系发挥作用的原理。信号显示机制有多种类型,其中主动信息公开和强制信息公开较受关注。主动信息公开即卖方主动向买方告知产品质量相关的真实信息。在质量信息低成本、可接受事后验证的条件下,如果卖方处于竞争市场,唯有主动公开信息,卖方才能和产品质量较低的竞争者区别开来,不公开信息将成为劣策略;如果卖方处于垄断市场,主动信息公开同样是最佳策略,因为它阻止了买方的逆向选择。但局部而不确定的信息公开不如完整而确定的信息公开。

在水产品交易市场中,最终的消费者作为买家面临着信息不对称问题的困扰,尤其是在消费生鲜产品时,消费者对其产地及环境、生产者、生产过程的添加物、流通过程、新鲜度等信息往往是不明确也无法获知的,这给消费者带来了很大的安全风险和选择中的疑虑,尤其当水产品安全事件发生时,这种信息不对称带来的影响更加严重,不仅影响消费者的信息,也影响了整个水产品市场的信誉和实际生产、交易额;而平时水产品生产与销售过程中的信息不对称也成为不法生产者和卖家可利用的漏洞,使劣质产品混在合格产品中,扰乱市场经济,不利于有序市场竞争秩序。水产品质量安全可追溯体系是最直接的一种解决信息不对称的手段,也是商家主动公开信息的信号显示机制的一种手段。

第三节　生产者行为与水产品质量安全可追溯治理分析

古典经济学认为企业是追求利润最大化的"经济人",现实中的企业是一个复杂利益的结合体,是由扮演不同角色的人构成。因此,企业的主体和中心是人,人的素质构成了决定企业行为的核心因素和关键条件,企业经营者的动机直接关系着企业的经营方向与经营目的。行为经济学是指以人类行为作为基本研究对象的经济理论,通过观察和实验等方法对个体和群体的经济行为特征进行规律性的研究,它以现实为基础构造理论,摆脱了传统理论以抽象并且常常脱离实际的假设为基础的分析方法的约束。行为经济学通过将心理学引入经济学,增加了经济学对现实生活中各种经济现象的解释能力,为理性经济分析提供了一块被忽视已久的心理学基石,从而拓宽了经济学理论的视野,并使经济理论对实际现象的预测更为准确,使制定的政策更为合理。食品生产企业的经营者为人,人是企业的核心;因此,有必要采用行为经济学的分析方法,对食品生产企业经营者进行分析。

经济学以人的行为理性化为分析的出发点,即人们能够按照自己的偏好和目标作出正确的判断、决策和行动;但是人生活在一定的社会环境中,受到各类因素的制约,又具有有限理性。赫伯特·西蒙的有限理性说认为,由于环境的不确定性和复杂性,信息的不完全性,以及人的认识能力受到心理和生理的限制,因此人是有限理性的。莱宾斯坦的经济非理性"X-低效率"理论认为任何经济行为都存在着非理性行为。食品生产企业经营行为与其他类型的企业一样具有市场取向,企业从事食品生产经营的最大目标是获取最大化利润,因此食品生产企业会采取各种手段,如降低生产成本、加强市场营销等正当手段,也可以采用各类违法手段,如不安全食品、假冒仿制等来实现这一目标。同时,企业食品安全生产受到多方面因素的制约,主要是企业自身发展、政府对食品安全的规制、消费者对食品安全的关注等三个大方面的影响。食品生产企业从事安全食品生产是综合平衡企业、政府、消费者三方面的利益,做出的一个平衡三方利益的选择,因此政府规制越严格,消费者越重视食品安全,则企业就越倾向于生产安全食品。

从现有的文献来看,食品生产者行为选择的研究大多数集中于对个体农户的行为选择方面的研究,而且基本上限于定性的描述,缺乏实证研究。现实中的食品安全问题越来越出现在食品生产企业身上,所以通过分析影响食品生产企业的内部利益激励、外部环境和政策环境,以确定食品生产企业的行为选择,从而制订出利于社会安定、企业发展的食品安全监管政策。

渔业企业是否建立可追溯生产体系也正是出于外部环境、政策环境和内部利益的考量。目前,水产品质量安全可追溯政府治理主要可以分为企业自愿实施和政府强制企业实施两种形式。企业自愿性可追溯体系是由于企业出于在一定程度上让消费者了解其水产品生产过程以及水产品的相关信息而主动实施的水产品质量安全可追溯体系;政府强制性可追溯体系是由政府主导严格要求水产品生产企业实施的体系,其目的是为了规范水产品市场,并在水产品从生产到流通过程中产生问题时能够及时发现问题根源所在,追究责任。

假设有甲、乙两个水产品生产企业,其中甲企业已经自愿实施水产品质量安全可追溯体系,乙企业未实施,假定甲、乙两企业在未实施质量安全可追溯体系之前企业效益相同。甲企业实施可追溯体系是由一部分经济收益因素以及一部分社会责任导致的,因此甲企业在实施水产品质量安全可追溯体系后的收益为 $I+R-C(R-C>0)$,其中 I 为甲企业未实施质量安全可追溯体系时原本的收益,R 为实施质量安全可追溯体系后额外增加的收益,包括相应利润增加和消费者对其产品的信任度上升而产生的商誉价值增加,C表示实施质量安全可追溯体系的成本;相应乙企业的收益为$I-R'$,其中R'为甲企业实施质量安全可追溯体系后乙企业损失的收益。在成熟的水产品质量安全可追溯体系中,其功能能够有效发挥作用,则消费者可以有效辨别各种水产品的质量安全情况,那么,甲、乙两企业最终的策略选择都将是自愿实施该可追溯体系,如此便在增加自身效益的情况下同时增加社会整体效益,此时处于帕累托最优选择状态。但现实情况下,水产品消费者对质量安全可追溯体系信任度不高,面对优质的水产品难以接受其高于一般水产品的价格,那么便会造成不符合优质水产品标准的普通水产品挤占可追溯体系下水产品的市场份额,导致$R-C<0$的情况。另外,由于可追溯体系的建立需要企业投入大量的人力资源与资本资源,而同时却不能获得相应的额外收益,其正向激励难以形成,因此企业的实施意愿将下降,最终甲、乙企业都会选择不实施该体系,出现所谓"囚徒困境"。因此,相比较而言,政府应该加强对企业实施可追溯体系的监管,其强制性在可追溯体系建立初期将发挥极为重要的作用。

政府强制企业实施质量安全可追溯体系要求企业在追求自身利益的同时,能够有效保障社会整体利益。但现实情况下,由于执行成本过高等因素,政府难以做到对企业整个生产、流通过程进行监管,只能对企业进行概率性抽查,导致了机会主义存在于水产行业中。

假设风险中性,政府强制企业建立水产品质量安全可追溯机制,追溯标准要求为T,此时企业的追溯成本为C_T。此时,市场中水产品生产者会产生两种策略:一类为"诚实者",确实在政府的要求下建立了水产品质量安全可追溯体系;另一类为"机会主义者",虽对外宣称已建立完善的质量安全可追溯体系,但事实上并未完全符合标准或者完全不符合标准要求,同时其生产的水产品却在市场中标着与优质水产品同等的价格。再假设企业的实际追溯程度为T',则企业的追溯成本为C_T,$0<T'<T$。此时,消费者认为水产品企业都达到政府的可追溯要求,即没有对可追溯的消费偏好,则企业的收益为Π。假设政府对企业检查的概率为p,检查成本为M,对没有达到可追溯标准的企业惩罚为F,政府承担的因企业没有达到可追溯标准而造成的负外部效应为H;假设企业面对政府检查,选择"诚实"的概率为r,选择"机会主义"的概率为$1-r$。则关于政府与企业的博弈结果如下:

若U_1、U_2分别表示政府监管者和水产品企业的收益,则:

$$U_1 = -prM + p(1-r)(F-M-H) - (1-r)(1-p)H$$
$$U_2 = -pr[\Pi - C(T)] + p(1-r)[\Pi - C(T')] + r(1-p)[\Pi - C(T)] +$$
$$(1-p)(1-r)[\Pi - C(T)]$$

要使政府监管部门收益最大、企业收益最大,则分别对 U_1、U_2 求一次导,可得:

$$p = C(T)/F - C(T')/F$$
$$r = 1 - M/F$$

综上所述,在实施强制可追溯体系下,政府对企业的检查力度与企业实施可追溯体系的成本以及在机会主义下企业受惩罚力度有关。企业按照标准实施可追溯体系的成本越低于标准实施时的成本,政府的监管力度就越大;相反,当选择“机会主义”的企业被发现时,受到的惩罚越大,则政府监管监察的概率就越低。水产品企业选择“诚实”策略受到政府监管成本和“机会主义”企业承担的惩罚两个因素的影响。监管成本越大,企业选择“诚实”的概率越小;惩罚力度越大,企业选择“诚实”的概率就越大。

第四节　消费者行为与水产品质量安全可追溯治理分析

质量安全不同的水产品,有不同的潜在消费者来购买。消费者购买行为是指人们为满足某种需要和欲望而寻找、选择、购买、使用、评价及处置产品、服务时介入的过程活动,包括消费者的主观心理活动和客观物质活动两个方面。消费行为学主要研究消费者购买行为的心理活动及行为规律。消费者行为学的基本研究问题包括消费者特征辨析、消费者的心理行为、如何解释消费的行为、如何影响消费者等。

消费者行为是指消费者为购买和使用消费品或服务所采取的各种行动,包括先于且决定这些行动的决策过程[1]。因此,消费者行为可以看成由消费者购买决策过程和消费者行动两部分构成。购买决策过程是消费者行为的关键,消费者行为理论研究也较多地侧重于购买决策过程的研究。消费者购买决策是一个完整的循环过程,一般可分为 5 个阶段:需要确认,购买前的信息搜集,比较评价,购买决定和购后行为。

---

[1] Engel JF, Blackwell RD, Minard PW. Consumer Behavior. New York: The Dryden Press, 1995: 178 - 218.

消费者购买决策受到多方面因素的影响和制约,人类的行为受个人内在因素(包括各种生理和心理因素)和外部环境因素(包括构成个人所处环境的各种因素)影响。内部因素和外部因素共同构成了影响消费者行为的因素体系,本书将就个体特征因素、认知、态度和政治法律因素等消费者行为影响因素的相关理论进行论述。

第一,消费者个体特征因素。消费者的购买决策千差万别,很大程度上取决于消费者个体特征因素的影响。这些个体特征因素主要包括年龄、性别、收入、受教育程度、家庭、职业和生活习惯等。

第二,消费者的知觉与认知。认知过程是人脑对客观事物的属性及其规律的反映,具体表现为感觉、知觉、注意、记忆、思维等多种心理现象。感觉和知觉是消费者对外界刺激物或情境的反映,是认知过程的形成阶段。为了进一步加深对商品的认识,消费者会利用记忆、思维等心理活动来完成认知过程。记忆是指人们对过去经历过的事物在大脑中的贮存。思维是人们对事物一般属性及其内在联系的间接的概括反映。消费者通过感觉、知觉、记忆与思维做出与他们的需要、期望、经验相一致的主观理解。

第三,态度。态度是消费者对某一事物或观念所持有的正面或反面认识上的评价、情感上的感受和行为上的倾向,即对商品的好恶、肯定与否定的情感倾向。消费者态度一般来源于与商品的直接接触,受他人直接、间接的影响,家庭教育与本人经历。态度会对消费者的购买行为产生影响,并展示在特定情况下消费者可能的行动方式。

第四,经济环境因素。经济环境包括宏观经济环境和微观经济环境。个体消费者作为社会消费的组成部分,必然受宏观经济环境的影响,包括国家经济政策和政府宏观调控等。微观经济环境因素也被称为输入变量或刺激投入因素,包括企业的产品设计、加工生产、产品的效用、质量、价格、包装、企业信誉、服务、广告宣传、推销、公关等,这些因素会极大地影响消费者的认知和消费选择。

第五,政治法律环境因素。政治法律环境包括法律规定和国家政策等要素。在一定的政治制度下,国家会通过颁布政策、制定法律法规来规范和引导消费者与生产者行为,正常的、科学的、健康的消费方式与生产行为会受到支持与鼓励,而不健康、违反社会道德标准与社会公众利益的消费方式与生产行为会被反对、限制和禁止。比如,在规范和引导消费者行为方面,制定有关政策对消费者宣传绿色产品的优点,并降低有关消费费用,会鼓励和支持其消费行为。不仅如此,有关监管生产者行为的国家政策和法规也会对消费者行为产生间接影响,如政府建立法规规范生产者行为、监督并披露生产者行为、严惩不法企业,同时出台鼓励性的政策措施或者补贴企业生产具备公共品性质的产品,会影响生产者行为,纠正部分市场失灵,增加公共品的供给,进而有利于消费者购买决策和满足其购买需求。

>>> **本章小结**

　　水产品质量安全的属性,决定了政府必须进行监管。监管的对象有生产者和消费者,同时,生产者和消费者也对政府的监管有着反馈机制。

　　基于水产品质量安全管理涉及多元主体,全书的理论基础主要包括水产品质量安全协同治理理论、信息不对称理论、水产品生产者行为理论和水产品消费者行为理论。这些理论对于本书的研究具有直接的指导意义。本章构建了水产品质量安全可追溯协同治理的理论框架,这是本研究的主要理论,也是后续理论研究的铺垫,为本研究开展实证研究提供了良好的切入点。由于本书要做实证研究,水产品质量安全可追溯治理和消费者行为、生产者行为密切相关。因此,在这部分,也对消费者行为和生产者行为作了一个阐述。这些理论都为后面的研究提供了良好铺垫。

　　通过本章的理论分析,可以看出,水产品治理安全可追溯多元协同治理可以完善水产品监管体系,通过建立完整的水产品质量安全可追溯体系,完备的数据库及流通链条的信息监管,可加强水产品质量安全政府监管,提高水产品安全监管效率。

　　另外,水产品可追溯治理也有利于规范水产品市场秩序,给予消费者良好的信息导向,起到引导消费者合理选择并购买安全水产品的作用。通过建立水产品质量安全的可追溯体系,能够具体落实相关质量安全责任,强化渔业企业的社会责任,结合完善的法律法规体系,可以有效地提高水产品的安全性,规范水产品的市场管理秩序。

第四章

我国水产品质量安全可追溯性
治理实践及问题考察

水产品安全可追溯体系的建设,有助于渔业竞争力的提高,从而实现渔业可持续发展。推行水产品质量安全追溯管理是加强水产品质量安全监管的重要抓手,也是构建水产品质量安全管理长效机制的重要内容,更是落实责任追究的重要途径。随着追溯技术的不断发展和追溯技术体系的日臻完善,我国可追溯体系在水产品质量安全方面的试点和示范也广泛开展并不断深入,取得了一定的成效,也存在一些问题。

第一节　我国水产品质量安全追溯体系建设情况

自 2004 年以来,我国在水产品质量安全追溯机制领域的建设已经初见成效,2004 年 5 月国家质检总局制定了《出境水产品溯源规程(试行)》《出境养殖水产品检验检疫和监管要求(试行)》,这实际上是由欧盟委员会制定相关法规后倒逼形成的,2001 年 10 月,欧盟委员会通过 2065/2001 号法规,规定自 2002 年 1 月 1 日起,所有进口水产品必须标明名称、生产方式和捕捞区域等信息,以保证产品的可追溯性[①]。我国水产品要想出口欧盟就必须符合欧盟相关标准,由此肇始我国的水产品可追溯机制的建立。从这里我们可以看出一方面我国的水产品追溯机制是紧跟国际潮流的,另一方面在食品追溯的应用和发展的确慢人一步,相应的法律法规和相关标准体系、监管部门设置和运行、技术的发展和应用以及生产销售者和消费者

---

① 郑火国.食品安全可追溯系统研究[D].中国农业科学院,2012：11.

等主体的意识和行为组成的水产品追溯体系也落后于世界上的发达国家。

2006 年,中国水产科学研究院开始提出"水产品追溯体系构建"项目。在农业部渔业局的支持和国家农业信息技术研究中心、广东省海洋渔业局的配合下,广东省开展了水产品追溯体系构建推广示范试点工作,至 2009 年取得阶段性成果。2010 年新增天津市为示范区,2012 年农业部渔业局开展水产品质量安全追溯体系建设试点工作。2013 年起中国水产科学研究院会同全国水产技术推广总站、江苏捷安信息科技有限公司,全面启动中央级水产品质量安全监管追溯体系的建设和示范,完成了覆盖"中央-省-地市县-企业"各级的监管追溯体系的构建(见表 4-1)。

表 4-1　广东等五省市水产品质量安全追溯体系建设情况汇总

省　份		广东	天津	江苏	辽宁	山东	合计
开始时间		2007	2008	2011	2012	2013	
追溯平台(中心)	省级	1	1	1	/	1	4
	地(市)级	7	/	/	/	3	10
	县级	13	/	6	1	8	28
养殖企业		29	5	50	8	24	116
流通环节	批发市场	4	3	/	/	/	7
	直销店	/	/	/	/	15	15
品种		罗非鱼、草鱼、对虾等近 20 个	罗非鱼、草鱼、对虾等	河蟹、青虾、南美白对虾、小龙虾、罗氏沼虾共 5 个	河蟹;鳜、三文鱼等网箱养殖淡水鱼	海参	20 余个
面积(亩)		约 60 000	/	524 877	198(网箱)	/	

资料来源:宋怿等.水产品质量安全可追溯理论、技术与实践[M].北京:科学出版社,2015.

我国第一次中央农村工作会议的精神体现出对追溯体系两个层面建设的要求。一是"要抓紧建立健全农产品质量和食品安全追溯体系,尽快把全国统一的农产品和食品安全信息追溯平台建立起来,实现农产品生产、收购、储存、运输、销售、消费全链条可追溯,用可追溯制度倒逼和引导生产",这主要是对追溯管理技术体系做出部署;二是"要健全农产品产地准出制度,加强农产品产地检测,实行农产品质量标识制度,建立产地准出和市场准入的有效衔接机制"。

中国水产科学研究院支撑上述五省的行业主管部门,结合实际情况,开展水产品质量安全追溯技术体系试点工作。截至 2013 年 12 月,在上述五省市建立了面向政府管理部门的省级监管追溯平台 4 个,涵盖不同生产和组织模式的养殖生产单位试点 116 个,流通环节试点 22 个,覆盖鱼、虾、贝、龟鳖等大类近 20 个水产养殖品种,成功建立了由政府监管部门、养殖企业、批发市场、渔业行业协会、渔民专业合作社和消费者查询平台等组成的水产品质量全程跟踪与溯源体系。

在现有可追溯技术体系的设计和开发过程中,针对重点难点技术问题,集中攻关,通过一系列信息技术和追溯手段的创新,从而取得突破,保证了技术体系对于我国水产行业实际的适用性和可操作性。总体而言,经过几年的实践,我国水产品质量安全可追溯体系功能取得了如下成效:

第一,在水产品质量安全可追溯技术体系的系统开发上采用模块化设计,开发完成覆盖“养殖、加工、批发、销售”供应链各环节的系统模块。根据不同角色主体,为追溯系统配置不同预制功能模块,从而可以满足不同品种、不同规模、不同生产方式和组织形式的养殖企业和销售市场的可追溯需求,满足养殖、加工、流通、监管不同环节责任主体的可追溯需求,满足不同供应链流通模式的可追溯需求,符合我国水产行业实际情况。

第二,在“追溯单元”划分上,以“批次”作为追溯单元,即在相同条件和状况下生产的批量产品作为一个追溯单元。分配给每个追溯单元唯一代码(追溯码),附加相同的追溯信息。当单元发生改变时,重新生成新的追溯码,附加相应信息,并保存单元改变的相关记录。在“产品追溯标签问题”上,对于少数高附加值、有独立包装的产品,在离开养殖场或加工厂时直接加贴、加挂标签,使用泡沫运输箱(在封口处贴防伪标签)。而对于鲜活方式销售的大批量、散装水产品,以批次为追溯单元分配标签,将标签加贴于批次产品转运记录上,如一整车产品作为一个批次,就将标签加贴于随车记录上。

第三,采用纸制记录与电子化追溯手段相结合的信息记录和传递方式,生产企业既可采用纸质记录,也可以采取电子化的系统,对于信息化水平低的生产企业,其追溯信息可通过纸质记录向下一生产环节传递,而由下一生产环节的责任主体完成追溯信息向监管平台的上传。这种设计,既保证了可追溯信息在供应链全程的有效传递,又满足了政府监管需求,同时兼顾信息化水平较低条件下的追溯需求。

第四,建立了统一的符合国际通用规则的追溯条码编码规范,设计开发了集流通、追溯、监管、防伪于一体的符合水产品运销特性需求的可追溯专用标签。在将通用信息技术应用于水产品质量安全管理领域方面取得突破,借助中央数据库、辅以水产品可追溯信息采集标准,实现对海量的水产品质量安全信息和产品追溯信息的管理和分析,为行业监管方式和企业生产管理方式的创新提供有效工具,为满足消费者知情权提供有效手段。

第二节　我国水产品安全可追溯政府规制的现状及其成效

中国政府历来高度重视农产品质量安全工作。2002 年党的十六大召开以来,产品的质量安全水平"总体稳定、逐步趋好"。自 2007 年开始,在对近 100 类农产品、100 余个参数的抽检中,合格率从开始的 50%,提高到近三年连续保持在 97%以上。在水产品领域,政府也高度重视质量安全管理工作。

一、我国水产品质量安全监管的阶段性发展分析

中国水产品质量安全监管制度是伴随着市场经济制度建立、生产力水平提升和人民生活水平的提高而产生和发展的。分析水产品市场准入的现状和趋势,需要从分析中国渔业发展的阶段性入手,从中寻找规律和趋势。根据中国渔业发展的趋势,可将水产品市场准入划分为 4 个主要阶段(见表 4-2)。

表 4-2　中国水产品市场准入的四个阶段政策取向和主要措施

时　期	发展阶段	政策取向	主要措施
20 世纪 80 年代中期之前	数量管理阶段	以粮食安全为纲	行政命令、生产者自律
20 世纪 80 年代中期至 90 年代初期	产品结构调整阶段	发展渔业经济	生产者自律、政府抽查
20 世纪 90 年代初期至 2006 年	安全水平提升阶段	标准、认证、检测体系建设	示范带动及标准化
2006 年之后	质量安全依法监管阶段	加强执法体系建设,依法监管	市场准入制度及财政补贴

第一阶段为数量管理阶段。在传统渔业生产阶段,渔业生产力水平不高,水产品产量有限,生产不足以保证需求,这个阶段政府和生产者的任务是"粮食安全",

即"确保所有的人在任何时候都能买得到,又能买得起他们需要的基本食品"。此时,人们的关注点首先是能否买到足够数量的食物,对于水产品安全性指标的关注处于次要地位。水产品质量安全主要依靠渔业生产者的自我控制,由于水产品数量不足,政府不可能实施产品准入规制。

第二阶段为产品结构调整阶段。经过了最初的水产品数量管理阶段,水产品质量安全管理进入产品结构调整阶段。此时水产品生产需求基本平衡,人们关注的重点从"吃饱"的问题转变为"吃好"的问题,人均水产品拥有率较高,但营养结构还不尽合理。人们开始关注水产品质量问题,政府也开始重视水产品质量安全监管,重点是实行投入品生产许可制度。此阶段从 20 世纪 80 年代中期到 90 年代初期,中国渔业进入新阶段,养殖业数量结构趋于合理。水产品供需总量平衡、丰年有余,人们开始关注水产品质量安全问题,绿色水产品认证也正是在这一背景下诞生的。

第三阶段为安全水平提升阶段。随着经济的发展和市场经济体制的逐步建立,渔业生产力水平进一步提高,产品类别进一步细化,消费者对水产品营养和安全等指标关注度越来越高。但是,由于良性市场机制和信用体系尚未建立,水产品制假售假、违法使用投入品现象日益严重,生产者诚信生产和经营成本高,而非法者机会成本小,出现了"柠檬市场"现象。此时需要政府对水产品市场进行规制,但由于生产者素质较低,标准体系、检测体系和认证体系尚不完善,一时难以实施水产品市场准入规制。从 1990 年绿色食品认证体系建设开始,政府在标准、检测及认证体系建设方面投入了大量资金用于软、硬件建设,尤其是 2001 年"无公害食品行动计划"实施以来,水产品质量安全水平得到了提高。

第四阶段为质量安全依法监管阶段。在这一阶段,政府主要通过发布技术性法规,进一步加强标准、检测和认证等支撑体系建设,促进水产品信息安全,建立水产品追溯系统,加强培训,提高水产品生产者素质,完善社会诚信体系,从而提升水产品质量安全水平。市场机制充分发挥作用,水产品质量安全结构得到优化。我国"无公害食品行动计划"成功实施之后的工作即处于这个阶段。提高水产品安全优质率、破解国际水产品贸易技术壁垒成为下一步工作的主攻方向。

基于有限的监管资源,为保障和进一步提高水产品质量安全水平,政府主管部门可以建立可追溯体系作为行业监管的有效抓手,将可追溯体系作为实行市场准入的着力点和切入点。通过可追溯体系明确责任主体,迫使企业不得不将保证产品质量安全水平作为立足生存的首要目标。此外,还可利用可追溯体系收集、汇总水产品生产链上的质量安全信息并及时加以整理、统计和分析,以为各级主管部门加强管理和启动风险预警应急提供必要的技术支持,为应对突发事件、查找责任主体提供有效的技术手段,促使监管工作由传统模式向现代管理模式转变。随着可追溯体系在我国的不断发展,非常有必要从政府、企业和消费者的角度分析可追溯体系的发展情况。下面从相应的法律法规和相关标准体系、监管部门设置和运行、技术的发展和应用以及企业或养殖户和消费者等主体的意识和行为等方面分析我国水产品安全可追溯治理的现状。

二、法律法规和相关标准体系的建立

水产品追溯机制作为保障水产品安全的重要环节要有法律的保障才能保障其切实实施和推广,从而发挥有效作用。正如上文指出,我国已在 2004 年制定出境水产品追溯机制的相关规定,这为我国水产品出口欧盟提供了保障,也为我国进一步在全国范围内推广应用水产品追溯机制提供了范例和机遇。此后,我国从中央到地方加大加快了制定水产品追溯机制的相关法律法规。

一方面,中央不断完善了包括水产品追溯机制在内的各项食品安全法规。2009 年 2 月 28 日颁布,2009 年 6 月 1 日正式实施的《中华人民共和国食品安全法》,并于 2014 年 5 月 14 日在国务院常务会议上原则通过了《食品安全法(修订草案)》,其立法宗旨是"保证食品安全,保障公众身体健康和生命安全",这进一步为我国实施水产品追溯机制提供了原则保障。2006 年颁行的《农产品质量安全法》要求农产品生产企业和农民专业合作经济组织建立农产品生产记录[1]。相关食品安全规章包括 2010 年 3 月 10 日由国家质量监督检验检疫总局通过并于 2011 年 6 月 1 日起实行的《进出口水产品检验检疫监督管理办法》。相关国家标准有 2008 年实行的《食品安全管理体系　水产品加工企业要求》(GBT27304—2008)。此外,《食品可追溯性通用规范》《食品追溯信息编码与标识规范》两项国家标准已于 2009 年 12 月通过审定。还有若干食品安全追溯的国家标准正在制定之中[2]。

另一方面,地方政府,特别是沿海水产品生产大省加快了水产品追溯机制相关法律的制定。为了加强本市食品安全信息追溯的监督管理,形成覆盖全过程的食品安全追溯和质量标识体系,规范追溯系统的建设和运行维护,落实食品生产经营者的主体责任,提高食品安全监管效能,保障人民群众的身体健康和消费知情权,

---

① 周真. 我国水产品质量安全可追溯系统研究[D]. 中国海洋大学,2013:14.
② 郑火国. 食品安全可追溯系统研究. 中国农业科学院研究生论文,2012:18 - 19.

上海市政府已于 2014 年 8 月 12 日进行了《上海市食品安全信息追溯管理办法（草案）》立法听证会,积极探索水产品追溯体系的建立[①]。福建省海洋与渔业厅《关于印发 2012 年福建省水产品质量安全追溯体系建设工作方案的通知》做出了对福建省水产品质量安全可追溯体系建设的总体计划和相关工作部署,以政府文件形式加强了对水产品质量安全可追溯体系建设的支持力度和政策引导作用;《广东省水产品标识管理实施细则》通过法律法规形式对广东省水产品销售环节水产品加标识的强制性措施进行了保障,对标识信息和相应的违法处罚进行了具体的规定,这对当地水产品质量安全可追溯体系的建立起到了重要的法律保障作用[②]。

三、监管部门的设置和运行

要明确我国水产品追溯机制监管部门的设置和运行,首先要知道我国食品安全监管部门的设置和运行。目前我国实际上形成了以卫生部门为主导、多部门分环节监管的食品安全监管体制。这一体制的形成既有历史原因,又有现实原因。早在 1965 年国务院即批准发布《食品卫生管理试行条例》,规定"卫生部门应当负责食品卫生的监督工作和技术指导"。改革开放后,更是颁布了多项条例和法律,从多方面确认和强化了卫生部门在食品安全监管体制中的主导地位,1979 年国务院颁布《食品卫生管理条例》,赋予卫生部门监督执行卫生法令、负责对本行政区内食品卫生进行监督管理、抽查检验等职能;1982 年颁行的《中华人民共和国食品卫生法(试行)》以法律形式确认卫生防疫站的监督执法主体地位;1995 年颁行《中华人民共和国食品卫生法》,该法规定卫生行政部门为食品卫生执法主体,其正式实行标志着以卫生部门为主导的食品安全监管格局的正式形成[③]。

随着我国经济的快速发展,食品安全问题也逐年增多,一些重大食品安全事故引起全社会对食品安全的关注和重视,我国的食品安全监管面临巨大挑战,卫生部门监管食品安全的压力也越来越大,由此推动了多部门分环节食品安全监管体制的形成,质检部门、工商部门、农业部门、食品药品监督管理局分别成为食品安全监管主体。2004 年 9 月 1 日,国务院发布《国务院关于进一步加强食品安全工作的决

---

① 陈玺撼. 水产品食安信息成焦点追溯一条鱼要过三道坎. 解放日报. 2014 年 8 月 14 日.
② 周真. 我国水产品质量安全可追溯系统研究. 中国海洋大学研究生论文,2013:14.
③ 颜海娜. 食品安全监管部门间关系研究——交易费用理论的视角[M]. 北京:中国社会科学出版社,2010:82.

定》,确立了"一个监管环节由一个部门监管"的原则,采取"分段监管为主、品种监管为辅"的方式,农业部门负责初级农产品生产环节的监管;质检部门负责食品生产加工环节的监管,将现由卫生部门承担的食品生产加工环节的卫生监管职责划归质检部门;工商部门负责食品流通环节的监管;卫生部门负责餐饮业和食堂等消费环节的监管;食品药品监管部门负责对食品安全的综合监督、组织协调和依法组织查处重大事故①。目前,这些监管部门之间基本上形成了信息通报、行政协调、行政协助、联合执法、案件移交、信息与资源共享等合作制度。

各监管主体分别监管着食品安全的一个环节,并在制度的保障下进行合作,而水产品追溯也是包括生产、加工、包装、储运、销售和进出口等各个环节的完整链条。因此我国水产品追溯机制的设置、运行和维护也必将涉及卫生部门、质检部门、工商部门、农业部门和食品药品监督管理局等各部门。

这一以卫生部门为主导、多部门分环节监管的食品安全监管体制为我国实施水产品追溯机制提供了很好的基础,同时也不可避免的带来了一些问题,这些问题将在下文进行具体的阐述。

四、技术发展和应用情况

水产品追溯需要技术支持。对水产品进行追溯首先需要对每一个或每一个单位(批次)的水产品进行编码,并且编码要具有唯一性、永久性、简单性和可扩展性,只有这样才能保障追溯物种、产地、生产系统或条件的准确性,目前,国际上食品追溯常用的电子编码体系包括 EAN·UCC(uniform code council)标准体系、EPC(electronic product code)标准体系和 ISO(International Organization for Standardization)标准体系。第二个环节就是识别,对每一个或每一个单位(批次)的水产品进行编码后,对其进行追溯时就必须进行识别,识别技术必须要方便快捷、尽量缩短货物交货周期,现在最常用的识别技术包括由耳标、条形码及 RFID(radio frequency identification)技术等构成的技术体系,其中耳标是指加施于动物耳部,用于证明动物身份、承载动物个体信息的标志物;条形码自动识别技术是以计算机、光电技术和通信技术的发展为基础的一项综合性科学技术,他是为实现对信息的自动扫描而设计的,是一种快速、准确而可靠的采集数据的手段;RFID 是一

---

① 颜海娜. 食品安全监管部门间关系研究——交易费用理论的视角[M].北京:中国社会科学出版社,2010:105.

项利用射频信号,通过空间耦合,实现无接触双向信息传递,通过所传递的信息达到自动识别目标对象并获取相关数据的技术,具有精度高、适应环境能力强、抗干扰、操作快捷等许多优点①。

以上介绍的相关编码和识别技术在我国食品追溯中都得到了一定程度的应用,例如,近期,在一些在线超市和团购网站上出现了一种"有机甲鱼",采用预包装,包装上附有一张轻薄的追溯卡,上面标有二维码,消费者下载甲鱼品牌对应的手机 APP,扫描二维码就可知道其从养殖、加工到销售 3 个环节的具体信息,尤其是养殖环节,可以具体到产自哪个鱼塘、鱼塘的深度、投放养殖的密度和喂养的饲料②。但是由于水产品的特殊性,追溯每一条鱼还存在很大的技术、资金壁垒,这些技术的应用还处于试点的初级阶段。目前,我国也在加紧对相关技术的研究和开发,如在"十一五"国家科技支撑计划"食品安全关键技术"项目中,由中国农业科学院和东南大学共同承担的"食品污染溯源技术研究"即志在开发具有自主知识产权的食品溯源关键技术。2010 年,中国水产科学研究院提出"水产品质量安全可追溯体系构建"项目,领导开发设计了水产品主体标识与标签标识技术,建立了水产品供应链数据传输与交换技术体系,科学设置了追溯信息导入与查询动态权限分配原则与方法,集合形成政府(省级)水产品质量安全追溯与监管平台,研发出了水产养殖与加工产品质量安全管理软件系统、水产品市场交易质量安全管理软件系统和水产品执法监管追溯软件系统,配套编制完成了水产品质量安全追溯信息采集、编码、标签标识规范 3 项行业标准草案③。另外,我国还建立了多个层级的追溯系统,典型的如国家食品安全追溯平台,它就是基于 EAN·UCC 国际通用编码系统,采用条码及自动识别技术构建,可追溯食品涵盖了海产品等 13 个大类共 15 万多种。其他平台还包括中国产品电子监管网、上海市食用农产品流通安全追溯系统等④。

2014 年 12 月 31 日国家《水产养殖品可追溯编码规程》《水产养殖品可追溯标签规程》《水产养殖品可追溯信息采集规程》三项水产业标准发布。此三项标准是国内首批水产品追溯专业技术标准。其发布有助于进一步规范水产品的追溯编码、流通标识和信息采集工作,便于渔业行政主管部门对水产养殖产品进行管理和监督,有效的保护生产企业和消费者的合法利益,推动水产养殖业向规范化和科学化方向发展。

---

① 赵林度.食品溯源与召回[M].北京:科学出版社,2009:182-187.
② 陈玺撼.水产品食安信息成焦点追溯一条鱼要过三道坎[N].解放日报,2014-8-14.
③ 生意宝:http:china:toocle:com/cbna/item/2010-08-04/5315453:html,2010-8-4.
④ 郑火国.食品安全可追溯系统研究[J].中国农业科学院,2012:19.

SC/T 3043—2014《水产养殖品可追溯标签规程》旨在借鉴国外的先进经验，规范水产品标签的标识和制作，使水产品从养殖、加工到流通成为一个完整的体系，遇到问题有源可溯，有点可查。该标准规定了水产养殖品追溯标签技术内容、技术参数、标签材质、标签印制与使用等。

SC/T 3044—2014《水产养殖品可追溯编码规程》主要针对目前我国水产品追溯相关研究和示范工作中追溯编码不规范、不统一、相互不兼容、与国际不接轨的实际情况，开展水产品可追溯编码规程研究，建立与国际接轨的水产品技术体系，以利于我国进出口贸易，确保水产品质量安全水平。该标准规定了水产养殖品追溯编码的术语和定义、编码规则、编码对象、编码结构和数据载体。

SC/T 3045—2014《水产养殖品可追溯信息采集规程》主要针对目前我国各地各部门纷纷建立起的各自的追溯体系，但是在国家层面，尚没有具体的标准指南对水产养殖生产单位在追溯体系中需要的信息记录进行统一的指导和规范的实际情况。该规程旨在针对具体行业特点，从可操作性角度，明确规范建立水产品追溯体系需要记录的信息，给出帮助企业具体实施追溯体系的应用指南。该标准规定了水产养殖品可追溯信息记录和信息采集的要求、信息的分类和信息记录内容要求以及生产记录和信息采集细则等。

五、企业或养殖户和消费者方面

实现水产品的可追溯需要法律保障、政府监管、技术支持，更需要生产者、销售者的资金及时间投入，生产者、销售者是水产品追溯实施的当然主体和重要环节，需要生产厂家的重视，需要包括销售者在内的主体的积极配合，需要消费者的积极参与，消费者的选择会对追溯机制的应用产生重要的激励作用。

我国水产品可追溯机制虽然起步晚，但随着我国经济的快速发展、对外贸易的逐年扩大和国际合作的不断深化，我国对包括水产品的食品可追溯机制的建立取得了快速发展。我国在传统的"农户到商贩"生产流通组织模式依然广泛存在的基础上，不断发展了"农户到专业合作组织""农户到公司""农户到生产基地到批发市场网络""农户到生产基地到连锁的零售网络"等生产流通模式[①]。这些标准化、集约化、规模化的新型生产流通模式将便于产品可追溯基础信息的收集，有利于缩短产品信息收集的时间，有利于减小收集产品信息所花费的成本，也将有利于水产品

---

① 张锋. 农产品质量追溯体系建设现状与问题及对策[J]. 中国农业科学院，2011：3-4.

可追溯技术的发展和推广。例如,2008年,商务部在合肥召开农产品"农超对接"座谈会,就是旨在推行建立农产品的可追溯机制,提高农副产品安全度[①]。

此外,随着我国政府对食品安全的愈加重视,媒体对食品安全事故的大量报道,企业对"绿色食品""有机食品"等概念的推广,民众的食品安全理念也不断增强,食品可追溯的理念也在民众中间得到了传播。随着消费者对可追溯食品的选择和青睐,也将激发各个企业的竞争压力,从而形成整个社会对食品可追溯理念的文化认同。这将有利于形成我国水产品可追溯机制的良性发展局面。

第三节　江苏省水产品质量安全可追溯体系建设的实践

2011年江苏省启动了水产品质量安全可追溯体系建设试点项目。截至2013年年底,已建立省级可追溯管理平台1个,县(市、区)可追溯分中心16个,企业可追溯点201个,在可追溯点建立安全生产全程控制试点30个,可追溯面积达117.64万亩。

一、建设背景

江苏省无公害水产品质量建设工作自2001年以来,认真贯彻落实农业部"无公害食品行动计划"的各项措施和要求,坚持以加快无公害水产品基地建设为重点,以严格监控水产养殖投入品为抓手,取得了显著成效。截至2013年年底,全省共认定无公害水产品产地1 781个,规模999.14万亩;认证产品1 830个,产量110.8万吨。通过十多年建设,一大批获证企业对无公害水产品安全生产的意识有所提高,水产品生产记录逐步建立,渔业投入品使用逐步规范,但水产品质量安全仍存在一些隐患,为有效开展水产品质量安全监管,科学提升监管能力,该省先期在无公害水产品生产基地开展水产品质量安全追溯体系建设试点工作。通过建立水产品质量安全追溯平台和追溯查询系统,给水产品贴上"身份证",强化水产品质量安全的全程监管,实现水产品来源可追溯、去向可追踪,让消费者放心消费。

---

① 熊金超,韩冰.农产品可追溯机制将推行[N].中国证券报,2008-4-28.

二、实施情况

2011 年江苏省启动了水产品质量安全可追溯体系建设试点项目。首先在南京市浦口区和盱眙县开展试点工作,参加项目实施的两个县共建立 11 个追溯点。追溯品种有小龙虾、青虾、河蟹、淡水白鲳、鲫鱼、花白鲢等。在中国水产科学研究院专家的技术指导下,初步建立了江苏省水产品质量安全可追溯系统,开发了网站查询和触摸屏查询两种追溯方式。建立了 1 个公众追溯网站,设计开发了 1 套水产品质量可追溯专用标签和编码标准,制订了《池塘养殖良好操作规范》,先后开展安全生产、健康养殖、水产品可追溯系统使用等技术培训,为水产品质量安全可追溯体系建设工作奠定了良好的工作基础。

自开展水产品质量安全可追溯体系建设试点工作以来,江苏省海洋与渔业局积极争取各类资金,累计投入 1 500 万元用于可追溯体系的软硬件建设。以原有水产品质量安全可追溯技术体系为框架,进一步完善,形成了"生产企业信息录入、政府监管、消费查询"等相关功能组成的江苏省水产品质量安全可追溯技术体系。基本建立起了以"省中心-分中心-追溯点"为模式的可追溯管理体系。截至 2013 年年底,已建立省级可追溯管理平台 1 个,在南京市浦口区、江阴市、新沂市、金坛市、溧阳市、苏州市吴中区、昆山市、如东县、赣榆县、洪泽县、盱眙县、建湖县、句容市、泰州市姜堰区、兴化市、泗洪县等县(市、区)建立可追溯分中心 16 个,建有追溯点 201 个,在追溯点建立安全生产全程控制试点 30 个,可追溯面积 117.64 万亩。可追溯品种有河蟹、虾类和主要养殖鱼类等。初步形成了集"水产品质量安全可追溯、渔业环境监管、水质在线监测和水生动物病害远程诊疗"四位一体的水产品质量安全可追溯系统。

三、可追溯系统设计

江苏省水产品质量安全可追溯系统由"由生产信息录入、政府监管和消费者查询"三部分组成,具有集"水产品质量可安全追溯、渔业环境监管、水质在线监控和水生动物病害远程诊疗"四位一体的功能作用。该系统追溯流通模式主要有"产地-专卖店""产地-超市""产地-加工企业""产地-酒家"4 种。

生产信息录入系统主要为追溯点使用,水产品生产企业利用该系统及时录入生产信息、记载生产情况,包括苗种来源、是否检疫,饲料、渔药、肥料等投入品来源,使用数量,休药期,产品捕捞上市时间,销售去向等信息。水产品生产企业通过生产信息录入系统,可以有效提高企业的生产力水平和质量安全管理水平。

政府监管平台作为渔业主管部门了解水产品质量安全的信息支撑系统,为政府部门对水产品质量安全监管发挥了重要的作用。各级政府渔业部门通过不同权限登录政府监管平台,可实时监管辖区内水产品的生产环境信息、苗种信息、投入品信息、病害防控信息、产品流通信息等,保障本地水产品质量安全。

消费者查询系统为消费者了解水产品质量状况提供了平台,消费者可通过手机查询、网站查询、触摸屏查询等方式登录水产品质量安全查询系统,了解水产品生产的相关信息,满足消费者的知情权,解决了信息不对称的问题。

四、主要管理措施

1. 逐步完善水产品质量安全可追溯体系

目前全省水产品质量安全可追溯体系框架基本形成,在省海洋与渔业局的领导和中国水产科学研究院的技术指导下,建立省级水产品质量安全可追溯平台1个,县级水产品质量安全可追溯管理分中心16个。省级中心负责全省水产品质量安全可追溯管理工作,县级分中心负责追溯点的登记备案、技术指导、质量检测、监督管理等工作。形成了集"生产企业信息录入、政府监管、消费查询"为一体的较为完善的水产品质量安全可追溯体系。

2. 建立和完善可追溯体系运行规范

合理的制度体系是可追溯体系建设成功的保障。为规范体系建设,省级水产品质量追溯管理中心联合中国水产科学研究院组织制定了"池塘养殖良好操作规范""无公害水产品养殖全程监管技术操作规程""县级水产品质量安全可追溯分中心工作流程""县级水产品质量安全可追溯分中心职责""县级水产品质量安全追溯点职责""水产品质量安全监控措施""条码打印工作人员职责""数据录入工作人员职责""水产品质量可追溯内容"等一系列规章制度。各追溯试点单位也分别建立了符合自身工作特点的制度体系,追溯工作制度框架已基本搭建完成,制度保障作用初步得到体现,也为水产品可追溯项目的进一步实施规范了工作程序。

3. 建立健全了完整的纸质和电子项目档案

为了规范记录格式,省中心在广泛征求意见的基础上,制定了《江苏省水产养殖管理记录》。追溯体系试点单位建立了养殖户塘口编号、项目追溯试点情况汇总、标签条码分配、产品抽样检测、项目塘口档案记录、技术培训记录等,同时上传到网络管理平台。基础资料档案的健全为项目的总结分析和水产品的全程追溯监管查询提供了可靠的依据。

4. 设计采用水产品质量追溯专用标签和编码标准

水产品追溯一个重要环节就是在鲜活水产品或其包装上加贴标签。组织追溯试点单位采购条码打印机、二维码扫描枪、防水碳带和水产专用标签。省中心制订了一套江苏水产品质量追溯专用编码标识规则，并开发出了相配套的软件，能够根据生产、流通需要，自动生成二维码，满足防伪和查询追溯功能。

5. 开展相关技术人员培训

江苏省对县级管理分中心和项目追溯试点上的相关技术人员开展软件应用操作、标准化生产、水产品质量安全技术等培训，先后培训 1 000 人次，通过各类技能、知识点培训，提高了水产品质量安全可追溯体系人员的技术技能和管理水平。

五、技术措施

1. 加强对养殖生产过程的监管

养殖环节是水产品质量安全的责任主体，作为食品链的初端，水产养殖过程控制直接影响水产品的安全。在可追溯体系建设过程中应注重对追溯点养殖生产者健康养殖理念的宣传和教育，规范养殖生产者的行为，为此，项目组制定了《池塘养殖良好操作规范》，主要从养殖池塘条件、养殖投入品管理要求、养殖生产管理、收获和运输、环境保护等方面来规范养殖生产行为，加强对养殖生产过程的监管。

2. 加强对水产品生产信息的记录

水产品相关的生产信息是可追溯体系的基础性数据，也是水产品质量安全可追溯的重要信息和依据。各追溯点负责及时开展水产品相关信息的录入工作，特别是投入品，包括渔药、饲料的使用情况，渔药的休药期等信息，各监管分中心也加大对追溯点的督促与检查力度，对信息录入工作进行技术指导，确保水产品基础信息完整，为水产品可追溯提供基本条件。

3. 加大对水产品质量检测力度

针对项目实施点不同季节的上市品种开展水产品上市前的质量检测，并将检测数据输入信息系统。主要结合农业部水产品质量安全抽检、省水产品质量抽检和无公害产品检测、企业自检等多种检测方式，确保追溯点水产品在上市前通过检测，并对检测结果进行记录，输入可追溯信息系统。

4. 采取水产品流通环节追溯保障措施

水产品质量安全可追溯体系建设不仅涉及养殖过程，而且涉及市场流通环节。为了真正做到水产品质量的安全可追溯，配合市场实施准入机制，更大地发挥好可追溯体系的作用，项目组研发了一套水产品质量追溯专用标签，并编制了编码标准，供水产品进入市场时备查和追溯查询使用，保证水产品信息完整、可追溯。

5. 信息查询系统的正常运维

利用建立的水产品质量安全可追溯网站、生产信息录入和查询系统，确保能够按照产品的代码查询到产品的基本信息。为了使网站正常运行，省级水产品质量安全可追溯管理中心根据实际情况，申请了网站一级域名（www.jsfish.cn），建立了公众可追溯网站，委托专业网络技术公司对网站进行专业维护，确保网站和查询系统正常运行。同时网站开辟了水产品质量安全相关法律法规、追溯动态、技术规范等功能，真正成为江苏省水产品质量安全可追溯的公共服务平台。

六、取得的成效

1. 水产品生产者的质量安全责任和意识逐步提升

通过水产品质量安全可追溯体系建设，追溯试点单位的诚信守法意识、社会责任意识得到了不同程度提高，产品质量安全保障能力进一步增强。一方面，企业为做好追溯工作，进一步细化生产流程，完善生产管理规范，使优质安全水产品的生产能力和生产水平得到提升；另一方面，随着质量追溯工作的逐步深入，水产生产企业和生产者的质量安全意识和自我约束能力得到进一步增强，社会责任感逐步强化。如南京市浦口区七联水产养殖专业合作社实施水产品质量安全可追溯项目后，建立了一套完整的水产品质量追溯机制和质量控制流程。建立有较完善的水产品质量安全追溯点职责、苗种生产管理制度、水产药物及饲料使用管理制度、追溯点塘口档案管理制度等。养殖户质量安全意识明显增强，在使用投入品环节，都能自觉按照合作社"三统一"（饲料统一、用药统一、销售统一）的要求进行管理，非合作社提供的投入品，养殖户都坚决不使用，从而提高了水产品质量安全可控程度。

2. 示范带动作用初步体现

水产品质量安全可追溯体系建设试点工作实施后，各地水产养殖特色凸现，实施质量追溯的水产品档次得到较大提升，同时还为周边现代渔业发展提供了新的示范平台。追溯体系建设试点工作在提供可借鉴的模式和经验的同时，也为全省进一步推广应用可追溯体系迈出了重要的一步。作为水产品质量安全可追溯体系建设试点单位,南京市浦口区"一鱼一虾"的水产养殖特色凸现,"一鱼"即淡水白鲳鱼,"一虾"即青虾。通过追溯平台,加大了特色水产品的宣传,水产品的档次得到大大的提升,示范带动作用明显。

3. 水产品的知名度得到提高

通过实施品牌销售和标识销售,使消费者能够完整地了解水产品的品牌和生产过程,增强了消费信心,增加了对水产品的消费量。同时,消费者也对水产品的全程监管有了一定了解,水产品质量安全监管也得到了社会的关注。在质量追溯得到保障的同时,也提高了产品的知名度,相对于未建立追溯的产品销路要广得多。如阳澄湖大闸蟹,建立了水产品质量可追溯制度后,能够通过质量查询系统查询到大闸蟹的养殖管理过程,确保了产品的质量,也体现了水产品的优质优势,使产品知名度更进一步得到宣传和提高,进一步增强了消费者购买信心,网上销售量大幅增长。

4. 经济社会效益逐渐显现

通过建设水产品质量安全标准化生产示范基地,加强水产品质量安全全程监管,进一步健全了水产品质量安全可追溯体系建设,这对于加快推广渔业新技术和保障产品质量安全有着积极的现实意义。同时,对加快该省水产业经济增长方式的转变,培育现代水产养殖业体系,带动渔业增效、渔(农)民增收也有着积极的推动作用。盱眙恒大龙虾养殖专业合作社实施水产品质量安全可追溯项目后,追溯体系的建立给合作社带来了非常显著的效益。合作社社长王朝文,自己承包了105亩池塘和510亩洪泽湖滩涂,平均年销售收入达219.3万元、纯利润127.6万元。实施产品质量可追溯前,龙虾都卖给来塘口收购的小商贩,龙虾价格始终上不去。建立了可追溯体系,龙虾品质有了保障,实施网上销售后,比卖给小商贩每斤高出两三元。同样是原来的池塘,合作社成员每户养虾收入比原来增加了1万多元。目前,盱眙恒大龙虾养殖专业合作成员已迅速发展到了100余户。水产品质量安全可追溯体系的建立与应用使该合作社效益提高了20%～30%。

第四节　广东省水产品质量安全
可追溯体系建设的实践

广东省自2006年开始加入水产品质量安全可追溯体系相关研究和探索,参与了企业内部追溯信息系统的前期调研和流程分析。2009年中国水产科学研究院、国家农业信息技术研究中心、广东省水生动物疫病预防控制中心等单位组成项目组,在广东省率先启动了省级可追溯体系建设和示范项目。至2012年,试点范围扩展到7个地市、13个县(区),共29家养殖企业和4家批发市场,养殖品种覆盖罗非鱼、草鱼、对虾、文昌鲤等近20个,养殖面积6万亩、年产量4万余吨,批发市场交易量20余万吨。

一、实施背景

2006年广东全省渔业经济总产值1 200亿元,较2005年增长17.8%,其中水产品总产值达到548亿元,增长4.6%;水产品产量达721.5万吨,增长3.8%;水产品出口40万吨,创汇15亿美元,分别比2005年增长16%和12%。在珠江三角洲、粤西和粤东沿海,鳗鲡、对虾、罗非鱼、鳜鱼、加洲鲈、中华鳖、罗氏沼虾等八大类名特优新品种养殖基地初具规模,其中对虾、罗非鱼、鳜鱼、加洲鲈的产量位居全国第一。海水养殖形成了17种产量高、具有市场竞争优势的优势海产,其中鲈鱼、石斑鱼、南美白对虾、斑节对虾、青蟹、牡蛎、珍珠、鲍、海胆等11种优势养殖品种的产量居全国第一。

淡水养殖模式方面主要有无公害健康养殖、中华鳖仿生养殖、山塘复合生态种养等。海水池塘养殖方面主要有池塘精养及半精养,浅海浮筏式网箱,"工厂化"养鲍和鱼、蟹、虾混养殖等模式,水泥池、多级高位池及地膜高位池养虾模式广泛普及。

广东省一直在加强水产品质量安全管理方面的工作,其中一项重点工作是推进无公害产地认定、产品认证和标准化示范基地建设。到2006年年底为止,全省已认定无公害水产品生产基地574个,面积约123万亩,认证水产品169个。在珠海、茂名、湛江、汕尾、惠州、揭阳等市建设了6个以养殖罗非鱼、对虾、甲鱼为主的标准化生产示范基地,面积共2 600多亩。

但是,与此同时,2006年也发生了一些影响极大的水产品质量安全事件,如"福寿螺事件"、孔雀石绿残留问题、"大菱鲆"事件和"桂花鱼"事件等,这些事件对广东乃至全国水产都造成强力冲击,成为媒体、政府和百姓关注的焦点。这些水产品安全事件,在整个水产界引发了海啸式的影响,这些事件并不是只影响了某个养殖场、某个加工厂或某个贸易商的产值,甚至引起了整个产业链的崩溃。例如山东大菱鲆产业,其直接经济损失超过2亿元,山东省乃至全国大菱鲆产业遭受重创,险些全军覆没。

从 2006 年发生的水产品质量安全事件中也可以看出,政府有关部门做了许多的努力和尝试,水产品质量安全局势也有所改观,但管理上仍然存在不少隐患:养殖业者总体养殖素质差,大部分人没有健康养殖或无公害养殖的意识;没有建立起市场准入制度,难以实行养殖全程监控;没有建立完善的水生动物防疫检疫体系,不具备检疫能力,产品未经检疫即可入市;从池塘到餐桌这一过程众多部门都管,却没有一个部门能管好、管到位,渔业部门想全程管到位,但手里的权限不足;高效、价廉、环保的渔用药物还有待开发等。

虽然有着众多的问题,但要从根本上解决水产品安全问题,还是要充分发挥渔业行业主管部门的作用,从源头抓起,实行全程控制,实现跟踪溯源。加强水产品质量安全管理工作是保证水产养殖业可持续发展的关键,其中实现生产记录可查询、产品流向可跟踪、产品质量可追溯显得尤为重要。因此,水产品质量可追溯制度的建立是水产品质量安全的重要保障措施之一。

虽然 2006 年国内已有一些构建水产品质量可追溯体系的建设思路的报道,但是多数仍然停留于理论阶段,未能具体实施。鉴于建立水产品质量可追溯体系的迫切性,中国水产科学研究院、国家农业信息技术研究中心、广东省水生动物疫病预防控制中心等相关单位组成项目组,在广东省率先开展了省级水产品质量安全可追溯体系的建设和示范工作。广东省财政于 2009 年下达实施专项资金扶持项目的指示。

二、体系设计

项目探寻以现代信息技术为支撑点,实现水产品质量可追溯的可行性。研究开发出水产品质量追溯信息系统,在水产品养殖、流通各主要环节中实现质量安全跟踪和溯源,并研究解决实际应用可能存在的问题,使上市水产品都有"身份证"可查,在出现质量问题时可追踪,实现水产养殖产品的质量全程跟踪和溯源。根据各关键点要求,项目实施人员分别在养殖、加工及批发市场选择了部分企业来加入试验。

2009 年项目组在惠州、中山、佛山、阳江、湛江、广州及茂名等 7 个市选择了9 家管理规范、健康养殖意识水平高的企业作为首批试点企业,企业主要分布在珠三角、粤西地区。这些企业中有 3 家为标准化示范场,3 家为通过无公害认证企业,两家为地理标志产品生产企业,还有两家为出口备案场。养殖品种分别为对虾、鳖、草鱼、罗非鱼、牡蛎等,均为广东的大宗养殖品种(见表 4-3)。

表4-3 广东省首批可追溯体系建设试点企业汇总表

编号	首批可追溯企业名单	面积及产量	所在地区	养殖品种	企业类型	质量安全水平
1	惠东县平海镇三姐妹养殖基地	225亩 337.5吨	惠州惠东县	对虾	养殖	
2	广东绿卡博罗县鹰氏实业有限公司	1 000亩 500吨	惠州博罗县	鳖	养殖	无公害认证 标准化示范场
3	中山食品水产进出口集团有限公司港口铺锦水产养殖场	200亩 300吨	中山市	草鱼	养殖	无公害认证 标准化示范场 出口备案场
4	南海科达恒生水产养殖公司	1 500亩 4 500吨	佛山南海市	罗非鱼	养殖	
5	阳西县程村蚝产业有限公司	3.7万亩 14 800吨	阳江阳西县	蚝	养殖	地理标志产品
6	湛江东海对虾良种场	240亩 520吨	湛江市	对虾	养殖	标准化示范场
7	广东恒兴集团对虾养殖试验场	400吨	湛江市	对虾	养殖、加工	无公害认证 出口备案场
8	广州得力农业有限公司	316亩 425~500吨	广州番禺区	对虾	养殖	
9	信宜县大地农产品科技发展有限公司	4.2亩 260吨	茂名信宜县	草鱼	养殖	地理标志产品
10	霞山水产品批发市场	40万吨	湛江市霞山	—	批发市场	
11	广州水产供销公司广州鱼市场	17万吨	广州市荔湾	—	批发市场	
12	福田农产品批发市场有限公司	3.6万吨	深圳市福田	—	批发市场	
13	环球水产交易市场有限公司	—	佛山市南海	—	批发市场	

　　水产品要实现质量可追溯重点在于确定合理的追溯单元、明确追溯的责任主体、确保追溯信息的顺利传递、设置好可追溯系统软件模块、统一的标签编码规则和特殊的承载信息的追溯标签。由于水产品养殖、运输和消费的特殊性,使得水产品追溯存在着产品信息不一定能完整传递和追溯单元难于划定的特点,这为准确追溯问题产品增加了困难。项目从养殖到销售等环节的关键点切入,以现代信息手段为支撑解决了这些问题,从而成功建立了广东省水产品质量安全可追溯体系。

　　广东省水产品可追溯体系总体框架主要包括三大模块,分别是生产交易管理系统、政府监管系统和消费者查询系统。其中生产交易系统又包括养殖企业管理系统、加工企业管理系统和流通企业交易管理系统。生产交易管理系统主要是给养殖、加工和流通企业使用，企业在日常生产中将生产的基本数据录入系统，当产品出场时在管理系统内生成一个电子标签并加贴于所出产品或者产品销售单上，让带追溯码的标签承载产品信息，随产品进入下一个流通环节。政府监管系统主要是为政府监管部门提供一个管理的平台，监管部门在平台内能查看动态上传的追溯信息，如企业将打印出的追溯条码号上传到监管平台，监管部门在平台内即能看见，对加入追溯体系的企业进行一些基本的管理如分配权限等。消费者查询系统主要是为消费提供查询通道，通过查询系统消费者能了解购买到的水产品经过的流通渠道。

通过政府部门的协调和设计，广东省水产品质量安全可追溯系统分为几个部分：

1. 养殖水产品质量管理系统

面向水产养殖企业的内部管理需求，以提高水产养殖过程信息的管理水平及养殖过程的追溯能力为目标，通过对养殖企业的育苗、放养、投喂、病害防治到收获、运输和包装等生产流程进行剖析，设计水产养殖生产环境、生产活动、质量安全管理及销售状况等功能模块，以满足企业日常管理的需要。在建设包括基础信息、生产信息、库存信息、销售信息等水产品档案信息数据库的基础上，开发针对不同用户的生产管理模块、库存管理模块和销售模块，将各模块集成，形成水产养殖安全生产管理系统。

养殖水产产品质量管理系统包括以下信息：①育苗管理：填写苗种品种、来源、价格、密度等资料；②放养管理：记录每一养殖塘进行放养的数量、规格、种类和转塘类型、日期及数量；③饲料投喂：记录养殖品种的觅食/生长情况、饲料品种、日投饵量（kg），计算投喂率和饲料系数，从而为科学的饲料配方提供科学依据；④鱼病防治：记录鱼病防治的日期、药物名称、用药量、防治种类、症状、处方、渔药记录、休药期和相应的渔药处方表；⑤水质管理：记录水质透明度、pH值、溶解氧（mg/L）、氨氮（mg/L）等方面，实现对养殖生产有重大影响的指标的管理；⑥产品编码生成与打印：针对企业生产最终产品，基于水产品的属性、包装形式、生产方式，生成与产品唯一对应的条码，实现对水产养殖产品从"养殖场到餐桌"的身份标识，以及水产养殖产品监管防伪和水产养殖产品质量安全信息溯源。

2. 水产加工产品质量管理系统

面向水产加工企业的内部管理需求，以提高水产加工过程信息的管理水平及养殖过程的追溯能力为目标,通过对加工企业生产、产品检验、产品出入库等进行剖析,开发出水产加工产品质量管理系统,满足了企业实际生产管理需求。

系统设置了采购管理信息、暂养管理信息、加工过程信息、仓库管理信息、质检管理信息和系统管理信息六大功能模块,以记录原料采购、原料暂养、原料检验到产品加工、产品检验产品入库及出库全过程的管理。

3. 批发市场交易管理系统

面向批发市场管理的需求,以实现产品准入管理和市场交易管理为目标,针对不同模式的批发市场开发实用的市场交易管理系统。在市场交易管理系统中,主要是加强市场准入管理、市场档口管理和交易管理。市场准入管理是根据产地准出证是否具有条码,将证上相关养殖者信息、产品信息通过读取或录入的形式存储到批发市场中心数据库,以管理产品的来源。市场档口管理是对市场中的各个档口进行日常管理,主要包括基础信息、抽检信息等。交易管理针对信息化程度较高的批发市场,根据市场准入原则向进入批发市场的养殖企业或批发商索取带有条码的产地准出证,管理人员读取产地准出证上的条码,并存储到批发市场中心数据库中;若是拍卖模式的批发市场,批发商在租用电子秤时,管理人员将该批发商该天的相关数据发送到批发商租用的电子秤中,批发商在与客户交易时打印带有生产企业、批发市场、批发商、产品信息条形码的产品销售单,同时将该次交易记录上传到批发市场中心数据库中;若是直接经营模式的批发市场,批发商通过无线网络下载该批发商该天的相关数据到电子秤,在与客户交易时打印带有生产企业、批发市场、批发商、产品信息条形码的产品销售单。一旦出现产品问题,在批发市场可通过产品销售单的相关信息追溯到批发商。

针对信息化程度较低的批发市场,采用销售记录进行管理,对批发商发放交易记录表,表上加盖相关监督部门的章,批发市场监管中心通过对交易记录表与市场准入证号的管理和记录交易记录表的去向,掌握某个批发商所使用的交易记录表。交易时,批发商将产品信息填到交易记录表中并给购货方留一份,购货方以此作为追溯的依据。

4. 监管查询系统

这一系统是面向政府监管的需求,以实现查询覆盖养殖、加工、流通各环节上传的追溯信息为目标,针对政府监管部门和消费者查询需求开发的系统。监管查询系统主要负责做好企业信息查询、企业用户管理、监管网站管理和信息统计的具体工作。企业信息查询,主要查询各类企业上传至系统的追溯码,根据追溯码可详细查看企业每条追溯码对应的生产信息、质检信息和用药记录等;用户管理包括录入新企业的信息,为企业分配用户名和密码,让其能正常进入追溯企业管理软件进行操作;为基层监管单位分配用户名和密码,让其能进入系统进行管理和查询;对于网站管理而言,监管系统设有一个查询网站,此功能主要是对网站上的各类信息进行更新;而统计信息工作主要统计企业上传的追溯码条数,查询短号收到的查询申请号码和查询申请条码等。

通过几年的实践和改善,广东省水产品质量安全可追溯体系的技术要点已经比较完善,主要包括追溯单元、专用追溯标签和追溯查询手段 3 部分。

(1)追溯单元。按照参加项目企业生产出的养殖品种的特性,项目试点的追溯类型主要有两种,一种是单体追溯,另外一种是批次追溯。单体追溯主要适用于养殖品种出池后为独立包装,或者产品本身支持独立加贴标签且与消费者见面前不需要再进行分装的情况,如龟、鳖、蟹等养殖品种;另一种批次追溯主要适合出场后需进行加工或者分装或混合的品种。此类追溯具有共性,可成为以后水产品质量全程跟踪与溯源的主要类型。根据水产品的特殊性,划定水产品追溯单元,与批次挂钩,即发现问题产品追溯时主要追查一个批次的产品或者是几个批次的产品。养殖环节中同一天、同一池塘出产的同一品种为一个批次,加工环节中同一天、同一生产线出产的同一原料的同一产品为一个批次,流通环节中同一摊主、同一天销售的同一进货批次商品为一个批次。

单体追溯是较简单的一种追溯模式,水产品出场后由养殖企业加贴水产品质量溯源标签即水产品"身份证",标签上标有养殖种类、产品规格、出池日期、养殖证号、养殖池号、养殖单位等信息,除此之外还有自动生成的条形码和二维码。随后产品到达批发市场,在批发市场扫描录入产品追溯码后当产品再次销售时,上一环节追溯标签作废,由批发市场加贴新的追溯标签,标签上含有品种、销售日期、重量、销售的批发市场名称和条形码。每一个环节的企业都对上一环节追溯标签进行录入,出具本环节的追溯标签并负责将标签加贴在产品上,一环扣一环的将水产品的基本信息传递下去。最终当消费者购买到带有追溯标签的水产品后,可以查询追溯条码的真伪,了解所购买水产品的生产企业和经过的流通环节的企业的基本信息。

批次追溯主要是依据水产品的特殊性而采取的一种具有共性的追溯类型,其追溯的主体与工业产品不一样,主要为一个批次的水产品,因为水产品在销售和运输的过程中可能存在批次混合的情况,所以追踪时在质量全程跟踪与溯源系统内查询组成这一个标签的几个批次的水产品,从而达到锁定检查范围的目的。批次追溯的各个环节使用的标签和作废上一环节标签的要求是一样的,唯一不同在于加贴标签的载体为销售单或销售合同,在最终消费终端需做一个展示板将产品的追溯标签贴出来,当追踪问题产品时追踪到的不是单个的产品而应是一个批次或者几个批次的产品,这些产品有可能是一家企业生产,也有可能是几家企业生产的。

(2)专用追溯标签。在充分考虑了水产品流通的特性及企业的实际需求后,专用追溯标签采用具有防水、防撕特点的纸张印制而成,上刻防伪标识,标签一经撕扯防伪标识即毁坏,从而达到防伪的目的;同时,在产品出厂时由企业打印至标签上的二维码内包含有产品信息,此码具有唯一性,也具有防伪功能。因此,专用追溯标签具有防水、防撕和防伪的特点。此外,标签上还包含了无公害标识、追溯号的查询方法、追溯号、产品的名称及其相关信息等内容,追溯号、产品的名称及其相关信息等内容由企业在产品出厂时打印至标签上。标签上的条码采用国际上通用的 EAN/UCC 编码规则进行编码。

(3)追溯查询手段。项目组提供了 3 种方式来满足公众查询的需求,这 3 种方式分别是手机短信、网站和 POS 机。在手机短信查询手段方面,向中国移动申请了特殊服务号码,用于接收和发送手机端发来的查询申请,该号码收到的申请会自动转送至追溯平台,并将与查询申请匹配的信息发回。在网站查询方面,开通相应的网址,在首页提供查询服务,在指定位置输入追溯码,系统会显示与追溯码对应的产品信息。在 POS 机追溯查询方面,在部分批发市场设立了专门的 POS 查询机,用机器自带的扫描枪扫描条形或二维码时,可以读取出上面所携带的企业信息,从而达到提供查询服务的目的。

三、取得的成效

该项目的顺利实施能为政府监管部门进行水产品质量安全监管提供有力的技术支撑;为养殖、生产到销售各个环节企业提供一个电子化管理的平台,并帮助形成企业的品牌效应,提高产品竞争力;为消费者了解所购买水产品的信息提供查询平台,实现消费者的消费知情权,并为消费者提供了一个保护消费权益的通道。

1. 全面测试了追溯技术系统

首批加入追溯系统的企业类型覆盖了养殖、加工、流通等各环节,项目组将相应的追溯管理软件与配套的硬件设备交付企业使用,企业对软件和硬件都提出了许多宝贵的意见,追溯技术的软、硬件方面得到了完善。在实际生产中,企业通过专用设备打印出追溯标签并上传至监管平台从而达到传递产品信息和追溯的目的，让追溯技术无论是在软件还是硬件方面，无论是从企业生产到政府监管还是公众查询等方面都得到了全面测试，为下一步推广应用奠定了坚实的基础。2008年11月首批带追溯标签的产品上市，项目实施得到广东省的主要新闻媒体的大力宣传，大大提高了可追溯产品的市场知名度。

2. 验证了追溯预设路线

项目运行初期，根据各试点企业的产品流向，设计了追溯示范路线，在项目运行过程中有两家企业的产品流向具有典型的代表性：广东绿卡博罗县鹰氏实业有限公司(简称绿卡公司)代表单体追溯的典型，科达恒生水产养殖公司(简称科达恒生)代表批次追溯的典型。绿卡公司的产品以单个包装为主，每一产品一个包装盒，每盒上加贴单一的追溯条码，随后产品进入广州市黄沙水产批发市场进行批发零售。科达恒生的产品以鲜活罗非鱼为主，追溯码加贴于销售清单随所售鱼进入批发市场。进入水产品批发市场(如南海环球)时，市场工作人员对随鱼到达的追溯码进行扫描录入，录入养殖企业信息后即由科达恒生的批发专卖店进行批发零售，该店在出售时使用电子秤打印追溯码加贴于包装袋或销售清单上，电子秤内的追溯码会自动上传至批发市场管理系统和政府监管平台，由此一环扣一环将追溯信息传递至下一环节以达到追溯的目的。追溯路线得到了验证，单体追溯和批次追溯被认为是追溯的两种基本模式。

3. 促进企业管理水平的提高

生产交易管理系统涵盖了养殖企业、加工企业、流通市场等几类企业管理的各个环节，提供了企业基础信息、生产、销售等信息的全方位管理，通过条码方便地实现了从产品到产地各环节的溯源，试点企业均对系统表示了高度认可，认为追溯系统软件设计先进、操作简便、实用性强，内容的设计符合企业在组织管理上和生产管理上的实际，有助于企业提高水产品质量安全管理水平。与此同时，为更好地开展企业内部管理，部分企业如南海柯达恒生水产养殖公司则对软件进行了个性化的修改，以满足自身管理上的需求，从而提高企业自动化及管理水平。

4. 提高了公众的知情权

通过网站、POS机及特殊服务号码为公众提供查询服务，使其了解所消费的水产品来源及所经历的流通环节，保障了消费者的权益。在追溯网站设置追溯码查询界面，为消费者提供查询服务，同时展示生产企业的详细信息及水产品消费相关的资讯，使广大消费者了解到水产品生产和质量管理的有关信息，提高了公众的知情权。从2008年11月首批带追溯标签的产品上市至2010年12月止，公众查询服务号码共收到消费者查询短信5 000余条。

5. 丰富了《广东省水产品标识管理实施细则》的内容

广东省于 2009 年 10 月 1 日开始实施《广东省食用农产品标识管理规定》（以下简称标识管理规定），但由于水产品生产、流通、监管的特殊性，导致实施时不具有可操作性。为此广东省组织了《广东省水产品标识管理实施细则》（以下简称水产品实施细则）的编制工作。追溯项目的实施让广东省在可追溯建设方面取得了宝贵的经验，结合广东省已开展的水产品质量安全可追溯体系建设工作，在实施细则编制过程中，在部分章节加入了追溯性的要求。最终，广东省于 2011 年 10 月 1 日开始实施水产品管理实施细则。

水产品实施细则与标识管理规定相比，主要就标识要求方面进行了修改，增加具有水产特性的可操作的内容，如对鲜活、散装、裸装水产品可采用挂插、摆牌以及不同标识方式的标识规格作出明确规定。其中在标识要求和标识的使用与管理部分明确地列出了"追溯"的要求，如第 20 条详细规定："水产品生产、加工、批发及经销者应当建立水产品标识的使用管理制度和入市流通追溯信息登记制度，规范使用标识。各级渔业主管部门应建立追溯信息监管平台，组织辖区内从事水产品生产、经营和销售的企业、单位、组织和个人加入追溯体系。"

当然，广东省水产品可追溯体系项目在实施过程中也遇到不少的困难与问题，其中较有代表性的几点问题分别为：有些试点企业应用可追溯系统软件较少，企业称忙于生产无暇顾及系统资料的录入；有些试点企业提供追溯标签给采购商，但采购商表示客户不需要，而造成标签加贴率不高；应用追溯软件后增加了企业人力资源成本及标签费用；宣传力度不够，公众对追溯产品认知度低，带有标签的产品上市后未能给企业带来明显的经济效益；行业内尚未形成开展质量安全可追溯的共识，企业加入可追溯体系的积极性不高；带追溯标签上市的水产品数量还不多，没有形成规模效应；追溯查询的消费者少、特服短信号使用率低等。

四、广东省霞山水产品批发市场可追溯管理的实践

广东省湛江市霞山水产品批发市场，为商务部重点联系市场、广东省流通业龙头企业、广东省重点农产品批发市场、湛江市农业龙头企业，且多次被评为湛江市优秀民营企业。现占地面积为 56 000 平方米，共有各类水产档位 700 多个。市场配套设施齐全，经营管理完善。目前，该市场已经成为粤西地区规模最大，交易最活跃，水产品种类最多，以经营各类水、海产品为主的专业性批发市场。

该市场交易以对虾交易为主，历年来对虾的成交额约占市场总成交额的

70%。5年来对虾交易量占全国的2/3以上,是全国最大的对虾交易集散中心。

市场具有强大的集散能力和价格形成能力,广东、海南、广西、福建及外地沿海省市的对虾大量运输到市场集散,贸易范围辐射北京、天津、上海、石家庄、黑龙江、乌鲁木齐、兰州等全国各大中城市,并经加工后出口到欧美、东南亚、非洲等世界各地,已成为全国对虾出口创汇的主要基地,对虾交易价格直接影响到国际价格行情。

湛江市霞山水产品批发市场社会责任意识强、信誉度、信息化水平高、影响力强、重点交易品种突出等优越条件为初步开展可追溯工作打下了良好的基础。同时,可追溯体系的建立不仅可以体现企业以人性化、个性化和服务手段多样化、及时化为特点的服务宗旨,也能进一步有效地提升霞山水产品批发市场管理和运作的效率,为市场打造品牌效应,吸引更多的商户到市场内交易。

广东省海洋与渔业局已经建立了覆盖养殖、加工、流通的省级水产品质量安全监管平台,实现了面向政府、企业和消费者的追溯监管平台,并开通公众服务。霞山水产品批发市场可追溯体系构建完成后,可直接将信息上传到此监管平台上,实现体系内参与者和消费者水产品质量安全可追溯信息的查询。

目前,我国面对大多数水产品批发市场的管理系统软件已开发完成,对于霞山水产品批发市场来说,只需针对市场的实际情况,做出相应的调整和软件升级就完全可以满足市场对水产品流入、流出市场,以及市场内部信息的集成化统一管理。

不仅如此,目前集流通、追溯、监管防伪于一体的水产专用标签技术也已被开发完成。这些技术成果都可转化应用到霞山水产品批发市场可追溯体系的构建中。

在广东霞山水产品批发市场内,设有专门的货物进场信息登记处和信息结算中心。在可追溯体系的构建过程中,可直接将信息登记处作为可追溯信息的采集中心。

信息结算中心的主要职责是为市场内经营户、采购商提供统计、结算、合同管理、风险防范、调解交易纠纷以及其他与水产品交易相关的服务。基于信息结算中心的原有的部门职能、人员配备和良好的信息化条件,在追溯体系的构建过程中,可在信息结算中心安装水产品批发市场的管理系统软件,建立起市场内部的可追溯信息管理平台。

市场交易人员可大体分为五类:供货商、运销商、流动商、固定商和采购商。水产品从供货商处出货后,会由运销商运往霞山水产品批发市场。运销商在市场门口处进行简单的登记,缴纳一定的费用,便可陆续进入市场。进入市场后,一部分运销商会以赊销的方式与固定商户进行交易；也有一部分运销商直接把货物运至市场内的专属区域等待售卖，这一部分运销商在此时便可称为流动商。固定商户、流动商户都会与进入市场内的采购商进行交易。采购商采购后，便会把水产品带出市场，水产品随之进入下一流通环节。

追溯范围涵盖水产品从养殖基地出货后一直到流入霞山水产品批发市场，包括市场内部的整个过程，产品在养殖阶段以及产品流出市场后的情况不纳入追溯范围之内。

对虾是霞山水产品批发市场主要交易品种。5 年来对虾交易量占全国的 2/3以上，稳居全国对虾交易中心的地位，冰冻对虾是其中的主要部分。根据霞山水产批发区市场中水产品流通交易的实际情况，确定试点可追溯体系的责任主体为批发市场、固定商、流动商、运销商和供货商（大型养殖场、养殖户等）。

可追溯项目能够在试点范围内顺利地进行，除了要有可追溯技术系统的支持，最主要的还要研究出试点内可追溯运行的管理机制及相应的具体措施，两者配合，才能够使水产品可追溯体系项目在霞山水产品批发市场真正地运行起来。

目前，水产品可追溯技术软件系统的开发已经比较成熟，只需针对霞山水产品批发市场的实际情况进行相应的调整和简单的系统升级就基本可以满足水产品可追溯体系在信息记录、信息管理、市场管理等多方面对系统软件的要求。因此，水产品质量安全可追溯体系包含哪些追溯信息内容、在霞山水产品批发市场中要有哪些具体的管理措施，如何实现供货商、供销商、固定商与流动商、采购商多方信息的有效衔接，从而确保当产品出现问题时，能够确定出现问题的具体环节，并且找到相关的责任主体，这需要从霞山水产品批发市场的实际情况出发，结合该市场内水产品流通方式、交易过程、市场管理等各环节，首先从总体宏观的角度，设计出霞山水产品批发市场的水产品质量安全可追溯体系的框架；其次，设计出每一环节的追溯方案，使追溯体系在实践中能够有效地运行。具体运行情况如下：

（1）追溯单元的划分。为了确保水产品实物与其信息的一一对应，首先要对追溯单元进行划分。追溯单元的划分是人为的，只要能够保证实现追溯的目的，达到可追溯到具体环节的相关责任主体即可，所以这里以批次为追溯单元，且将批次定义为同一天、同一个供货商提供的冰冻对虾。

（2）信息记录系统的设定。信息记录系统是可追溯体系的核心。信息记录系统基本组成包括两方面：追溯信息要素及信息载体。根据霞山水产品批发市场内产品的实际流通情况，要达到追溯到责任主体的目的，追溯信息要素的设定应主要包括 3 个方面的信息：各环节责任主体的基础信息、各环节产品的质量安全相关信息和各环节产品交易相关信息。信息载体是追溯信息要素的承载形式。不同环节,涉及的责任主体不同,交易方式不同,信息载体的形式也不同。产品的追溯信息息会有不同环节产品追溯信息要素组成,并以产品信息标签作为载体。

第五节 上海市水产品市场质量 安全可追溯治理的实践

一、上海市水产品市场情况分析

1. 上海东方国际水产中心市场格局

上海东方国际水产中心隶属于上海水产(集团)总公司,上海东方国际水产中心市场经营管理有限公司现有 230 人,其中技术人员 5 人。该中心现有商户 900多家,其中冻品、淡水活鲜、冰鲜、贝类、海蜇经营户分别有 400 多家、170 多家、120多家、80 多家和 30 多家,其中场内大商户 300 多家,90%都是个体化经营,公司化经营比例只有不到 10%;市场经营的核心定位是以批发为主,占交易量 90%左右,零售占 10%左右。

上海东方国际水产中心经营规模为年交易量 30 万吨左右,成交额 120 亿元左右,占目前上海水产品流通量 40%以上的份额。上海东方国际水产中心实施粗放型管理,采取对手交易方式,集中进场交易时间为深夜 12 点至凌晨 5 点。市场管理部门分成六个部门:办公室、行政人事部、市场业务部、市场管理部、冷库和财务部。市场管理的重点目前为交通管理、交易秩序维护、冰鲜货源抢货、食品安全管理,以及消防安全管理"三合一"问题。目前市场已建一套门禁系统,进场收取停车费和摊位管理费,市场出租率超过 80%。

上海东方国际水产中心是上海唯一的冻品业务一级批发市场,冰鲜业务与上海农产品批发市场各占一半,上海贝类批发业务、海蜇经营大户都在上海东方国际水产中心,上海东方国际水产中心也是盈利能力最强的大型水产品专业市场,2012年广东黄沙水产交易市场营业收入为 7 000 多万元,净利润为 1 000 多万元;北京大红门京深水产批发市场营业收入为 7 400 多万元,净利润为 2 143 万元;上海东方国际水产中心营业收入为 6 300~6 500 万元,2012 年利润为 3 000 万元,2013 年上海水产集团总公司要求其利润达到 3 500 万元。

2. 铜川水产市场市场格局

铜川水产市场创办于 1996 年 6 月,由上海普陀区长征镇新长征集团晋园有限实业公司投资建造。目前铜川水产市场现有固定摊位 782 个,经营过程中存在"摊中摊",实际经营摊位有 1 000 个左右。铜川水产市场经营的核心是为消费者和客户服务,提供理想的高中低档海鲜水产品。市场实施总经理负责制,采用对手交易模式。市场由于独特的地理优势,形成一摊难求的局面。铜川水产市场目前的定位和管理重点是执行水产品可追溯系统的管理,保证水产品质量,使市场接到的消费者投诉逐年减少。

从上海东方国际水产中心和铜川水产市场基本格局可以发现,这两家市场水产品经营状态基本就是上海水产品市场经营管理现状的缩影。

二、政府质量控制行为

上海市相关政府高度重视水产品质量安全的控制行为,严格水产品质量准入。

2011 年上海市工商局要求外地供应商提供产地证明并填写相应"表单子",包括库存商品的来源与去向。上海市工商局下发表单给东方国际水产中心,水产中心分发给商户,外地供应商车进场需出具产地证明单,填写产地证明,要求商户填写库存与销售商品单子,即水产品的来源和去向。

2011 年上海市政府把食用农产品流通安全信息可追溯体系拓展到淡水养殖水产品领域,对黑鱼、鳜鱼、黄鳝、鲈鱼、鲫鱼五大淡水鱼类推行可追溯制度,宣布对铜川水产市场、百川水产品市场以及 30 多个标准化菜市场实施食品可追溯制度,截至 2012 年年底已经覆盖了上海 6 个水产品专业批发市场、200 个标准化菜场。

上海市水产品批发市场水产质量可追溯管理系统主要内容包括供货商、进货商实名制 CPU 卡管理,食品安全承诺管理,水产来源进货管理,水产检测管理,一级批交易管理,二级批交易管理,代理结算资金管理,信息追溯管理,数据查询,汇总管理,数据分析管理,数据接口管理和价格行情管理。

三、流通领域质量追溯系统的运作机理

上海市商务委员会启动的水产品质量追溯信息化系统,改变传统手工做法,其运作机理是:水产品供应商拿市场的 IC 卡刷卡(输入简单的信息)打印出信息单(如水产品来自的省县镇村、供应商名称、品种名称、数量),供应商把信息单连同货

物一起交给市场的经营户,并在市场经营户的手掌机上刷 IC 卡,市场出口处的管理人员依据供货商拿的 IC 卡是否有信息来决定是否放行。与此同时,上海东方国际水产中心等水产品专业批发市场给进入市场的采购方发放 IC 卡,在市场批发商终端设备上刷卡获取采购水产品的相关信息,然后采购零售商回到菜场后在菜场的机器上刷卡,如果菜市场零售商无信息卡则无法进入终端菜市场交易。

四、上海水产品安全信息可追溯体系的动力源

2011 年,上海市商务委员会继续加强上海市肉品可追溯体系建设,提高运行水平,在蔬菜可追溯系统建设试点的基础上进一步扩大系统覆盖面,同时开展水产品流通可追溯体系建设。围绕水产可追溯体系建设的每一个环节,从"规划、标准(规范)、法规"入手,严格执行产地准出、市场准入和产销对接等管理制度,加大政府扶持力度,推进上海市水产流通管理的规范化、信息化和现代化建设,提升上海市水产质量安全保证水平。

在上海市 6 家水产批发市场和 200 家标准化菜市场建立水产流通可追溯系统。通过供应商、进货商实名制备案、刷卡登记、持卡经营、批次化管理、零售打单等功能,以水产批发市场信息采集为基础,将水产交易信息数据汇集至城市管理平台,信息上接上游供应基地,下接零售终端、消费者,实现水产品信息全程可追溯。

上海市水产品安全信息体系的建立提升了水产流通行业的水平。通过水产可追溯体系试点建设,促进了上海市水产流通行业硬件设施和管理水平的提升,逐步实现水产交易电子化、信息标准化、管理规范化。

同时,水产品可追溯治理确保市民明白消费。水产可追溯体系的建立,让消费者在标准化菜市场内购买水产品时,能通过专用电子秤打印的销售标签上的追溯码查询到购买水产品的来源、批发市场、经营户、菜场摊位等信息,使消费者明白消费,放心消费。

水产品可追溯体系试点的建立;便于政府进行监管、追溯、分析,通过运行情况,总结经验,为水产品可追溯系统的全面实施打下基础。

五、水产品质量安全可追溯信息化系统推行中的障碍

在实践过程中,通过我们的调查和访谈,发现在上海市水产品质量安全可追溯体系运行过程中,也存在一定的问题:

（1）政府质量可追溯体系没有形成与专业市场管理方的利益联结机制。传统的信息化可追溯系统效果不佳的主要原因是处于质量安全可追溯系统中枢位置的专业市场管理方缺乏积极性。水产品专业批发市场是类完全竞争市场，质量可追溯信息化系统的推进无疑增加了市场管理方的工作量，增加了专业市场管理方的成本与负担：信息化可追溯系统的建立意味着专业市场必须 24 小时开放，在交易集中高峰，专业市场至少需要配备 2 个工作人员；设备增加，相应增加 8 个管理岗位，用工成本每年至少增加 40 万元；可追溯系统硬件设备会占用专业批发市场供出租的商铺面积，因而减少了市场的租金收入。

（2）产地难以确定，信息化系统还是无法解决小规模水产品储运中的痼疾。养殖水产品具有独特性，交易流通过程中"拼车、拼塘"的方式非常普遍，很多单位不愿也很难开具证明，如一货车鲫鱼可能来自多个乡镇，导致"通常市区要来检查时，工商所派人帮助商户补台账"的现象。

（3）市场经营户文化水平低，有的经营户甚至只会书写自己的名字。质量可追溯信息设备经常失灵，维护或维修成本较高，且市场商户很多文化水平较低，很难掌握熟练使用手持机的技能，影响其做生意的效率。

（4）可能触及一些地方政府的利益。严格的市场检测结果会对其他省份的支柱型水产品行业产生很大的负面影响，触及地方政府利益。

第六节　我国水产品质量安全可追溯治理存在问题分析

上文从法律法规和相关标准体系的建立、监管部门的设置和运行、技术发展和应用情况、企业或养殖户和消费者等方面分析了我国水产品安全可追溯治理的现状，下面将从这些角度分析我国水产品安全可追溯治理所存在的问题。

一、法律法规和相关标准体系的建立存在的问题

1. 食品安全法律法规不健全

近年来，我国关于食品安全方面的立法进程有所加快，但依然满足不了实际生产销售消费的需要，在包括食品追溯在内的等相关食品安全法律法规依然严重缺失。这主要表现在：①一些相关领域的缺位或空白，如我国当前没有相关法律对

实行国内水产品的追溯做出明确的、强制性的规定;②一些法律的规定过于粗疏和零碎化,难以切实保障某些安全措施的应用,如我国关于水产品追溯的规定只零碎地出现在一些渔业或食品安全相关法律规定中;③法律的层次不够完整,如尽管有一些措施有原则性的法律规定,但是缺少配套的专门规定,让法律的规定流于表面,很难起到实际作用,如我国水产品追溯尽管在一些相关法律中有原则规定,但是相关规定模棱两可,给了监管部门和企业机会主义空间,规避法律规定而无所损失;④某些法律规定或中央与地方的规定存在相互冲突、矛盾的地方,这也让某些规定难以长期有效地施行下去。

正如有学者指出的那样,由于每个部门都关注各自部门能直接或独立管理的事项,而对横跨食品链条,横跨各个部门的需要各部门前后联系起来处理或者共同处理的食品安全共性制度却没有给予关注或者关注不够,因而容易导致法律空白[1]。但是水产品追溯是一个涉及多部门多环节的一个系统过程,而我国在社会变革过程中"部门利益化、利益法制化、法制部门化"的现象阻碍着我国水产品追溯制度法制的完善,由此也导致执法过程中重复执法、分头执法等局面的出现。

2. 关于水产品追溯机制方面的标准不统一

只有对水产品进行统一的编码、对质量标准进行统一的规定并且考虑不同平台不同设备的兼容性,才能对水产品进行准确方便的追溯。但是,从我国的具体实践来看,在水产品相关标识标签标准、信息数据编码标准等方面也存在着缺失、矛盾、不足等问题。例如,关于食品质量,中国设立有产品质量国家标准和食品卫生国家标准两大标准体系,截至 2009 年已经发布涉及食品安全国家标准 1 800 余项、行业标准 2 900 余项。这两大标准体系由不同部门制定,相互间缺少沟通和衔接,缺乏科学性与可操作性。并且,有数据表明,中国国家标准只有 40% 左右等同采用或有效采用了国际标准,食品行业国家标准的采标率只有 14.63%,且庞杂不一,卫生、质量监督各行其是[2]。这些标准存在着的不统一、不协调将会使我国的水产品追溯机制的进一步推广和建立面临瓶颈。

二、监管部门的设置和运行存在的问题

正如上文指出的那样,我国食品安全监管部门由卫生部门、质检部门、工商部

---

① 颜海娜. 食品安全监管部门间关系研究——交易费用理论的视角[M]. 北京:中国社会科学出版社,2010:178.
② 赵林度. 食品溯源与召回[M]. 北京:科学出版社,2009:236.

门、农业部门和食品药品监督管理局等多个部门组成,这一方面固然有利于各部门形成对自己分管环节专业化管理,另一方面,也产生了不少亟待解决的问题。

1. 部门设置本身所导致的问题

我国食品安全监管和执法部门主要的五六个,加上辅助的部门,不下十余个,这些部门分管的职能不可避免地存在着交叉重复,从而导致执法过程中的交叉重复执法,这样不仅使企业疲于应付,而且极大地浪费了公权力,执法效果也由于缺乏整体性,而达不到应有的监管效果,很多执法行为流于走过场、走形式。此外,部门设置过多,也易使部门本位思想严重,从而出现"有利益"的地方,各部门争相争取监管权、争相执法,而一些"没有利益"的环节就会出现空白,而这些环节很可能就是出现食品安全重大漏洞的地方。最后,我国食品安全监管部门设置过多,没有常态化的协调机构,没有统一而健康的专门食品卫生监管部门的主管部门,这不利于从整体上把握对食品安全的监管。

2. 我国食品安全监管部门的监管理念所导致的问题

我国食品安全监管部门的执法倾向于事后的惩处和弥补,而对事前事中的监管不够,水产品追溯是涉及事前、事中和事后的"从农田到餐桌"的全方位监管,这需要监管部门转变执法理念。这种事后监管的理念表现在监管部门倾向于运用运动式的单独或联合执法,容易产生以罚代管的问题,导致治标不治本,这也使得一些食品安全事故屡屡发生、同样的问题反复出现;各监管部门对事前事中监管的缺乏导致在出现问题时又互相推诿,在平时的监管中也容易出现混乱,不利于我国食品安全监管的科学化、整体化,不利于良性长效监管机制的形成。

3. 我国食品安全监管部门监管方式存在的问题

正如上文分析,我国食品安全监管部门的设置和监管理念导致了我国食品安全监管方式存在极大问题:政出多门导致监管执法交叉重复,部门化损害公众利益,缺乏整体性导致监管空白的存在,运动式执法监管治标不治本等。

此外,我国食品安全卫生的财政预算使用机构也阻碍着我国水产品追溯机制的建立。相关数据表明,20 世纪 80 年代以来,我国卫生总费用占国内生产总值从3.17%上升到 2002 年的 5.51%,2003 年以后基本保持 4.75% 的比重,然而政府卫生支出占卫生总费用的比重却呈下降趋势,由 1980 年的 36.2% 下降到 2002 年的15.7%,2003 年以后基本保持 17% 左右的比重,而用于到公共卫生中的比重就更少,例如,1990 年为 19%,1995 年则下降至 12%[1]。以上数据表明我国公共卫生投

---

[1] 颜海娜. 食品安全监管部门间关系研究——交易费用理论的视角[M]. 北京:中国社会科学出版社,2010:89.

入不尽合理,可能会阻碍新型技术的开发和推广。

以上问题可能会导致众多部门"追溯不到一条鱼"困境的产生。

三、技术发展和应用情况存在的问题

1. 技术的发展和创新方面

首先,无论是国家还是企业对水产品追溯技术方面的关注还不够,技术资金投入不足。其次,关于我国的创新模式方面,目前我国的水产品追溯技术产学研没有实现深度融合,发展缺乏可持续性;并且严重缺乏技术上的自主创新,在农产品追溯的标准和技术方面过于依赖国外技术。再次,现有技术也存在标准不统一、不兼容的情况,各地的追溯平台缺乏沟通互联,不利于全国形成一张网,这种条块分割也阻碍着技术的进一步发展创新。最后,由于我国对食品安全的监管是分环节式的,对水产品的追溯也将涉及多个环节,不同环节的技术可能也缺乏衔接性、缺乏整体性。

2. 技术的应用方面

首先,我国的水产品相关检测技术的应用普遍存在以下问题:一是检测实验室、仪器设备、人员的闲置;二是政府对食品的多头管理,检测结果不能跨行业使用;三是检测结果可比性差等现象严重存在。检测稀缺资源没有得到有效利用[①]。其次,我国对相关技术的应用缺乏前瞻性考虑,过于注重成本的低廉,例如,我国目前建立了一些基于条形码的追溯体系平台和相应的子系统,但是条形码技术相对较为落后,无论从读取的效率、信息存储量、条形码本身的易损度来说都比不上相对读取速度更快、存储信息量大、能够进行防伪追踪的电子标签技术 RFID,但是电子标签的成本远高于条形码的成本,降低了各生产流通环节的主体的应用意愿[②];这种缺乏前瞻性的考虑不利于我国水产品追溯技术的长远发展。

四、企业或养殖户和消费者方面存在的问题

尽管在我国,水产品追溯在社会上得到了一定的传播,但还没有形成很强的社会文化认同,因而对企业的约束性和消费者的行为引导性还很弱。下文将就企业和消费者两方面进行分析:

---

① 曾庆梅,张冬冬,杨毅.食品安全检测的溯源性研究[J].食品科学,2007(10):628-632.
② 周真.我国水产品质量安全可追溯系统研究[D].中国海洋大学,2013:22.

1. 企业或养殖户方面存在的问题

必须明确的一点是企业或养殖户是我国建立水产品追溯机制的重要主体,是切实建立、运行和维护的最重要当事者,然而我国企业目前在水产品追溯机制的建立上还没有发挥应有的作用,这主要表现在以下方面:

(1) 企业或养殖户建立水产品可追溯机制的意识和主动性不强,目前看来,我国很大一部分水产品企业没有建立起水产品可追溯机制,一则他们没有意识到水产品追溯机制是国际潮流,是保障水产品安全并在发现问题时召回处理的重要措施;二则他们将水产品可追溯机制建立所投入的资金、技术和时间,当成一项负担,因而不主动、甚至规避;三则他们没有意识到从长远看来,建立水产品可追溯机制会成为企业的优势,增强社会对其品牌的认可度,从而使企业良性发展。

(2) 企业或养殖户可能存在不具备建立水产品可追溯机制的实力,对一些大型的企业建立水产品可追溯机制主要存在的是意识和认知问题,而一些小型企业和个体养殖户则存在着资金、技术等方面的困难,目前我国"农户到专业合作组织""农户到公司""农户到生产基地到批发市场网络""农户到生产基地到连锁的零售网络"的新型生产流通模式发育还不完全,存在着大量的中小型企业或个体养殖户,他们规模小、数量多、广泛存在于国内各地,管理不便、监管困难。例如,截至2014年,仅上海一地就存在着 20 多万家小食品企业[①],小企业、个体养殖户、个体摊贩搜集、传输产品信息的能力极为有限,面临资金、技术的瓶颈,即使推广了水产品可追溯机制,最终负担也可能摊到消费者头上,容易导致"逆向选择""劣币驱逐良币",从而不利于水产品可追溯机制的建立和推广。

(3) 大型企业相关技术开发和投入的动力和意识也存在不足,水产品可追溯机制的建立需要技术保障和技术创新,而大型水产品企业应当积极参与水产品追溯标准的建立和相关技术创新,而目前在我国相关大型企业没有起到应有的示范作用。

2. 消费者方面的问题

在我国,消费者的选择对水产品可追溯机制的建立没有起到应有的激励作用,这一是由于我国居民整体消费能力不足导致的,可追溯产品和不可追溯产品之间的差价,绝大多数居民不乐意或者没有足够的能力承担;二是由于我国消费者对食品可追溯的理念存在认识不清或不足的问题,市场上同类产品不会因为是否可追溯而激发消费者的购买兴趣,人们更容易接受相对便宜的同类产品;三是因为生产

---

① 姜泓冰. 人民网:蔬菜水产能否带上可靠"身份证"? 难,还要做. http://politics. people. com. cn/n/2014/0812/c1001-25453899. html, 2014-8-12.

者和销售者对消费者的消费行为缺乏动力,对其也缺乏足够的引导,市场上还没有形成优选选择可追溯水产品的大环境。以上这些问题都不利于我国水产品可追溯机制的建立和推广。

第七节　我国水产品质量安全可追溯治理存在问题的原因分析

我国水产品生产、流通环节仍存在诸多隐患、水产品质量安全形势不容乐观。过去发生的多起水产品质量安全事件暴露出我国水产品行业监管中存在薄弱环节,尤其是缺乏有效的监管手段,不能及时有效识别违法主体,从而采取后续措施,确保不发生重大水产品质量安全事件难度很大。建立水产品质量安全可追溯机制基于水产品生产流通特点,是完善政府治理、维护市场秩序、促进企业良性发展、保障水产品质量安全、提振消费者信心的必要手段。然而我国水产品质量安全可追溯机制在法律法规和相关标准体系的建立、监管部门的设置和运行、技术发展和应用情况、企业或养殖户和消费者支持等方面存在诸多问题。本节将从水产品生产流通特点,政府治理的滞后,市场规则不完善、企业存在"竞争惰性",消费者消费观念受现实制约等几方面探讨建立水产品质量安全可追溯机制的原因。

一、水产品生产流通特点

辩证唯物主义认为,内因是事物存在的基础和变化发展的根据,它规定着事物运动和发展的基本趋势。水产品生产及其流通是水产品质量安全可追溯的基础和根据,当然决定和影响着我国水产品质量安全可追溯机制的建立、发展和完善。

水产品生产流通包括养殖、捕捞、加工、运输、包装、上市等多个环节,呈现出面广点多、不可控性因素多的特点,如水产品养殖阶段可能面临饲料中农药和兽药的残留。而作为生鲜食品,在加工过程中面临化学性风险(如有毒有害化学药品的污染、违反标准程序的错误操作、为保鲜而不当使用添加物等),生物性风险(如生产间卫生不合格、设备清洗不彻底、人员健康和卫生不合格等),物理风险等多种风险[1];运输环节和其他环节也面临多重危险的威胁。建立水产品质量安全可追溯

---

[1] 陈香玉.建立乳品质量安全追溯体系的必要性及建议[J].中国食物与营养,2015(1):14.

机制首先就更多着眼于保障水产品质量安全的考虑。无论是发达国家还是像我国这样的发展中国家,都会出现食品质量安全问题,虽程度、广度和原因有异,但都会造成消费者生命健康安全的损失。特别是我国近年来食品质量安全事故频发,仅就水产品而言,也出现一些引起社会强烈反响的质量安全事故,如近年来的多宝鱼事件、福寿螺事件、小龙虾事件等①。2006 年上海多宝鱼事件中所抽样品全部被检出含有违禁药物,部分样品甚至还同时检出多种违禁药物,引发社会强烈关注和不满;福寿螺事件、小龙虾事件业造成严重安全事故,给消费者身心带来巨大伤害。因此,在我国建立水产品可追溯机制显得尤为迫切。水产品可追溯机制正有利于抓住关键点,将生产流通环节连成一线,从而保障水产品安全可控。

建立水产品质量安全可追溯机制有利于迅速查找问题食品源头,从而防止危害扩散,将食品安全事故造成的损害尽量降低。这一则能够迅速定点溯源,召回问题食品,保障消费者生命健康安全;二则能够确定危害源企业,从而减少整个行业的损失。建立了完善的食品可追溯制度的美国就辅有高效的食品召回制度。美国食品召回分为企业自行召回和在农业部食品安全检疫局(FSIS)、食品和药品管理局(FDA)的要求下召回,召回过程分为四个步骤:企业报告,FSIS 或 FDA 的评估报告,制定召回计划,实施召回计划。美国的召回行动较为高效,如为了确保整个召回计划的行之有效,其规定企业报告需在 24 小时内完成②。

水产品生产和流通特点决定需要系统的法律和标准体系对各环节操作进行规范化和标准化,生产和流通过程中的不确定性、不可控性因素较多,法律和标准体系相对于实践发展来说难免具有滞后性,这就需要立法者加紧研究跟进实践发展,根据实践发展需要加快法律标准更替和修订。

二、政府治理的滞后

政府在实现善治中发挥着元治理功能,但是由于机构臃肿、理念落后和监管手段的单一等因素导致水产品质量安全可追溯机制难以有效建立和推广。

保障食品安全、维护市场秩序、推广安全措施是政府的重要职能。随着我国全面改革和全面依法治国的深入,迫切需要政府转变职能、进行清单管理,涉及到水产品质量安全可追溯领域,政府需要发挥组织者和主导者的作用,通过立法、行政

---

① 陈校辉等.我国水产品质量安全追溯系统研究与应用进展[J].江苏农业科学,2015(7):5-8.
② 程言清.美国的食品召回制度及其特点[J].世界农业,2002(10):17.

和经济手段积极鼓励企业建立完善水产品可追溯机制。首先,建立水产品质量安全可追溯机制是政府履行公共职能、克服市场失灵的有效手段;其次,建立水产品质量安全可追溯机制有利于转变政府职能,规范保障食品安全的行政行为,促进政府有序执法、执法为民,真正实现程序正义和实体正义;最后,建立水产品可追溯机制以政府为主导,因此,其也是实施政府问责制的重要手段①。但是现实中,依然大量存在着政府监管缺失、治理失败等问题,为此,政府应该加强全面改革,完善体制机制,从而完善水产品质量安全治理。

三、市场规则不完善,企业存在"竞争惰性"

随着我国社会主义市场经济的不断完善,市场进入完全竞争、深度竞争阶段,国内外水产品企业保持竞争力的基础一环就是需要保障水产品质量安全。而建立水产品质量安全可追溯机制有利于促进企业"差异化"竞争,树立良好形象,维护市场竞争秩序,从而促进产业发展,扩大经济效益。从一些发达国家的实践来看,率先建立食品质量安全可追溯机制的往往是那些声誉好、市场占有率高的巨型企业,比如可口可乐、雀巢、卡夫、百胜等食品行业巨头已经形成相当完善的质量安全可追溯机制,成为行业典范。但是由于国内水产品企业和养殖户的分布广、规模小、缺乏标准化操作等特点使企业和养殖户想方设法规避法律标准和竞争规则,加之市场监管和惩戒措施缺乏或过轻,导致企业和养殖户抱残守缺,存在严重的"竞争惰性",抱着"捞一瓢就跑"的心态经营企业和工厂。

随着我国对外开放的深入,建立水产品质量安全可追溯机制还基于国际贸易的考虑。一些发达国家的水产品供给主要依赖进口,而其国内一般都建立了较高的水产品质量安全标准和相应的追溯制度,这一方面给水产品出口市场带去"壁垒",另一方面也促进了水产品出口市场质量安全水准的提高。对我国这样的水产品出口大国来说更是如此,我国水产品出口量连续十几年居世界第1位,自2000年开始,水产品出口额一直位居大宗农产品首位,占农产品出口总额的30%②,但是我国在没有建立水产品质量安全可追溯机制时,曾遭受过多次相关水产品出口贸易"壁垒",从而带来大量损失。如2001年因氯霉素残留,我国水产品在欧洲市场损失达6亿多美元;2003年烤鳗由于再次遭到日本技术性贸易壁垒,出口额仅

---

① 赵蕾,杨子江,宋怿. 水产品质量安全可追溯体系构建中的政府职能定位[J]. 中国水产,2010(8):28.
② 刘春娥. 2011—2013年我国出口水产品质量情况分析[J]. 食品安全质量检测学报,2014(3):977-978.

4.7亿美元,较1997年高峰时的7.3亿美元减少2.6亿美元等。美国是我国虾类产品重要出口市场,贸易额曾一度达5亿美元,但其预警严查,将使这一产业受到不小的冲击。好在自2004年以来,我国在水产品质量安全可追溯机制领域的建设已经初见成效,2004年5月国家质检总局制定了《出境水产品溯源规程(试行)》《出境养殖水产品检验检疫和监管要求(试行)》,这实际上是由欧盟委员会制定相关法规后倒逼形成的,2001年10月,欧盟委员会通过2065/2001号法规,规定自2002年1月1日起,所有进口水产品必须标明名称、生产方式和捕捞区域等信息,以保证产品的可追溯性[1]。我国水产品要想出口欧盟就必须符合欧盟相关标准,由此肇始我国的水产品质量安全可追溯机制。

四、市场信息体系方面

目前,我国的市场信息体系基本还是一片空白。在今后一段时间内,渔业行政主管部门应联合质检部门、工商部门、卫生部门等相关部门把渔业产品质量安全市场信息平台建设起来,及时向社会各阶层,包括水产品生产者、加工厂、经营者和消费者,提供和发布水产品来源、产品品牌、养殖过程、投入品使用、病害情况、捕捞水域、水质检测结果、产品检测结果、生产操作标准、市场价格、供求动态等相关信息。同时,还可以在此平台上发布渔业质量安全相关法律法规、国内外水产标准、病害防治新技术、水产加工新技术、渔业产品质量安全例行检测结果、水产市场质量监管抽查结果、渔业产品质量安全新闻等各种有关信息。

水产品质量安全市场信息体系,应该至少具有以下几个功能:①提高社会公众的渔业产品质量安全意识,提升水产品消费者的质量安全认知能力和判断能力,形成对渔业产品质量安全的社会监督氛围;②将内部化信息外部化,缩小市场利益主体之间的信息不对称,尽量减少市场主体间的契约成本和其他隐性成本;③确保水产品的可追溯性,当出现水产品使用安全问题或者出口检验受限时,将问题产品追溯回到特定加工、养殖场、育苗场,甚至尽可能实现将问题产品追溯回到特定池塘、特定批次;④营造良好的优质优价机制,规避"逆向选择"现象,提高违法水产品生产经营户的法律风险和机会成本;⑤实现各政府部门之间的信息共享,强化政府在渔业产品质量安全监管环节的监管效率,加快不同政府部门对食品安全事件的应急管理速度。

---

① 郑火国.食品安全可追溯系统研究[D].中国农业科学院,2012:11.

五、消费者的消费观念受现实制约

现阶段,企业建立水产品质量安全可追溯机制有利于塑造行业先锋者形象,培育企业知名度和竞争力,增进消费者信心,从而促进企业在市场上占得先机。

消费者是水产品质量安全可追溯机制的终端,他们对可追溯食品的购买和支付意愿直接决定着企业可追溯机制的策略和普及,两者也是相互影响、相辅相成的过程。在我国食品安全问题频发、人民生活水平整体提高的情况下,为了有效解决食品安全问题,消费者对确保食品质量安全的可追溯机制也有了一定的购买和支付意愿。韩杨和乔娟的研究表明消费者重视食品可追溯制度,在不考虑价格因素时绝对愿意购买可追溯食品,但当价格提高时,消费者的购买意愿大幅下降,只有44.52%愿意继续购买[①];赵荣等人的研究表明在可追溯食品价格高于普通食品价格的情况下,仍表示"愿意购买"的消费者仅愿意以高出原价 9%～12%的价格购买[②],这说明消费者的购买意愿并不高;吴林海等人的研究表明消费者对可追溯信息的认证属性最高,我国消费者对"政府认证"等信息最为偏好[③],这一定程度上制约了第三方机构和企业自身建立水产品可追溯机制,表明这些机构建立的水产品质量安全可追溯机制本身可能受到怀疑和不信任。

当前,我国应加快普及水产品质量安全可追溯机制,从而实现"规模效应",当市场上绝大部分水产品实现可追溯时,也就不存在影响消费者购买的"价格因素"了,政府和企业应该能够通过建立完善水产品质量安全可追溯机制增强消费者对食品可追溯机制的认知,提振消费者信心,引导消费者良性消费习惯,共同营造安全保障可靠的水产品消费市场。

以上都是我国建立和推广水产品质量安全的可追溯机制存在问题的原因。随着近年来我国水产品产量屡创新高,也进一步激发了我国水产品可追溯体系的建立和完善。从 1990 年开始,我国水产品总产量一直位居世界第一,新世纪以来,水产品产量也逐年上升,占据世界总产量的 30%以上。如 2012 年我国水产品总产量达 5 906 万吨,占据世界总产量的 37.67%[④],2013 年再创历史记录,水产品总产量

---

① 韩杨,乔娟. 消费者对可追溯食品的态度、购买意愿及影响因素[J]. 技术经济,2009(4):43.

② 赵荣,乔娟,孙瑞萍. 消费者对可追溯性食品的态度、认知和购买意愿研究[J]. 消费经济,2010(3):42.

③ 吴林海,王淑娴,朱淀. 消费者对可追溯食品属性偏好研究:基于选择的联合分析方法[J]. 农业技术经济,2015(4):52.

④ 博思数据:中国水产品产量 5 906 万吨,占全球总量 37:67%[EB/OL]. http://www. bosidata. com/yuyeshichang1308/0575045XTI. html,2013－8－1.

已逾6 100万吨。与此同时,我国水产品出口贸易额也屡创记录,如2011年出口贸易额达177.9亿美元,2012年达189.8亿美元,出口额增加6.69%。近年来我国水产品出口基本呈现出这种出口额稳步增加的向好趋势,但是仍有一些问题阻碍着我国的水产品进一步扩大出口。数据表明我国2012年出口总量为380万吨,较2011年的391万吨减少11万吨,同我国水产品总产量的上升成逆势关系;据商务部2009年6月调查统计,我国90%的水产出口企业受到国外技术性贸易壁垒的影响,每年损失约90亿美元。从出口现状看,品质不合格、微生物污染、药残超标、含非食用添加物是阻碍我国水产品出口的主要原因[①]。保证我国水产品的持续稳定发展迫切需要我们加强对水产品养殖、加工、流通、销售等全链条的质量安全控制和可追溯管理。

>>> **本章小结**

水产品质量安全管理领域存在市场失灵,因此,政府的监管工作是必不可少的。本章结合我国江苏省、广东省和上海市水产品质量安全管理和可追溯治理的实践经验,对我国水产品质量安全可追溯治理发展现状、存在问题及其原因做了分析。采用定性的研究方法,对水产品质量安全可追溯政府监管进行研究。

近几年来,可追溯体系这一政策工具已经成为政府管理水产品质量安全的有效政策工具。经过几年的宣传和推荐,我国在水产品质量安全可追溯治理方面取得了有效的成就,本章也对水产品质量安全监管历史进行了划分,可以看出,近年来政府对可追溯政策工具给予了重视。我国从中央到地方都加大加快制定水产品追溯机制的相关法律法规;明确了水产品质量安全政府监管部门的设置,但是还是在整个食品安全管理框架之下,是一个多部门协调的综合管理体系;水产品质量安全可追溯体系的技术发展和应用情况良好;渔业企业也越来越重视对可追溯技术体系的采纳和应用;消费者也对水产品安全可追溯性提出了迫切的要求,这些都为我国进一步开展可追溯治理研究提供了良好的现实条件。

江苏省水产品质量安全可追溯体系建设已经取得了一定的成效,省政府相关部门高度重视,省海洋与渔业局大力投资资金和技术,积极扶持渔业生产组织开展开追溯体系的建设,各个地级市也响应中央和省政府的号召,开展水产品可追溯体系的推广和应用。由此,江苏省生渔业生产者质量安全和责任意识逐步提升,该省

---

① 刘春娥. 2011—2013年我国出口水产品质量情况分析[J]. 食品安全质量检测学报,2014(3):978 - 979.

整体的渔业经济效益也得到了提升。广东省分别就养殖水产品、加工水产品和批发市场建立分类的可追溯治理体系,并公共监管查询系统,大大提高了产品的可追溯性,从而促进企业的管理水平,提高了公众的知情权。上海市水产品可追溯体系的建设一直是政府食品安全监管工作的重点,上海市以水产批发市场信息采集为基础,将水产交易信息数据汇集至城市管理平台,信息上接上游供应基地,下接零售终端、消费者,实现水产品信息全程可追溯。

水产品批发市场是专门为水产品批发提供交易的场所和条件,并为商品流通提供服务的组织机构,在水产品流通中发挥着重要作用,是进行水产品批发分销业务的平台,连接水产品产、供、销的桥梁。水产品质量安全可追溯体系与产品的整个流通过程相关联,水产品批发市场在水产品流通链中连接着生产与消费,有承上启下的作用。2006年—2012年,我国先后在广东、江苏等省市7家水产品批发市场开展了水产品质量安全可追溯技术体系建设试点示范工作,也取得了较好的效果和一定的实践经验,分析广东霞山水产品批发市场的可追溯监管的经验,为我国其他水产品批发市场建立提供了良好的示范作用。

通过对以上几个地区分析,我国水产品质量安全可追溯治理在法律法规和标准体系建设、相关监管部门的设置、水产品可追溯体系技术应用等方面还存在一定的问题。导致这些问题主要原因是水产品市场信息体系不完善,政府治理还有待提高,市场运行规制不完善,水产品安全信息体系建设也不够,消费者的消费观念受现实的制约等。

第五章

渔业企业实行可追溯体系
决策行为的实证分析

　　根据组织制度理论,任何企业都生存于社会制度环境当中,并面临各种制度因素的制约。构成影响企业建立可追溯体系的各种制度因素源于各利益相关者对食品可追溯性提出的一致要求。企业通过改进自身行为满足各利益相关者对其行为的预期或要求,以求得生存的合法性。对于渔业企业来说,实施质量安全可追溯生产决策行为的动因,可以归纳为企业自身的动力和利益相关者的压力这两个方面。企业自身的动力主要着眼于提高产品质量、改善竞争环境、降低食品安全风险、实现产品差异、改善竞争环境、扩大产品市场等。利益相关者的压力主要表现在政府规制、消费者的需求、产业组织上下游的关系等。

第一节　变量界定与数据来源

一、变量界定

　　根据前面的文献综述果、本研究对相关专业人员的访谈,本研究对影响渔业企业实施可追溯体系生产决策和实施意愿的变量做如下界定:

　　第一,企业的一些基本信息,主要包括企业成立时间,企业的资产总值,员工数量,固定资产情况,管理层文化,一般员工的文化等。一般认为,这些变化越大,企业越有建立可追溯性的可能性,建立可追溯性的意愿也越强。

　　第二,企业的生产经营特征,主要包括养殖面积,企业的经济效益,管理层对可追溯体系的重视程度,企业产品品牌,企业品牌的专用性,产品的信息记录情况等。

养殖面积对建立可追溯生产决策行为及其意愿的影响主要表现在养殖面积越大，越倾向于建立可追溯性。其他几个变量越大，也越倾向建立可追溯体系。

第三，政府水产品安全监管力度和水产品可追溯体系的支持政策因素，政府的资金以及技术支持会极大地影响企业投资实施可追溯体系的成本与积极性。因而能够获得优惠政策的企业越愿意投资实施可追溯体系，愿意投资的水平也越高。这些变量主要包括政府是否有技术鼓励、政府补贴的额度、可追溯体系对安全性的作用等。一般认为，这些变化越大，企业对可追溯性的投资决策程度也越高。

二、实证数据来源

本研究所进行渔业企业实施可追溯生产决策行为的影响因素和实施意愿的影响因素的实证研究的数据来源于对江苏省养殖企业的基本情况、渔业企业对水产品质量安全可追溯制度和政府相关决策认知、渔业企业建立水产品质量安全可追溯意愿的问卷调查。笔者在广泛听取经江苏省水产技术推广站、苏州水产技术推广站和中国水科院等相关部门意见的基础上，选择江苏省渔业企业作为调查对象。

调查问卷的设计事先根据国内外相关研究进行总结，并且与相关研究人员和水产养殖企业人士进行讨论最终形成。为了保证调查结果对实证研究的可用性，调查表的设计以不影响渔业企业管理人员的填写为前提，尽可能考虑前人研究中的调查题项。在正式发放问卷前，笔者首先对苏州养殖企业进行了预调研和访谈，并对问卷进行修整，最后确定整个问卷中与本模型有关的问题项。调查方法通过江苏省水产技术推广部门下乡活动的时间，笔者和相关工作人员向有关养殖企业的管理者发放调查问卷，填好问卷后当场回收。对管理者有疑问的问题，当场给予解答，以保证问卷调查的质量。

由于各个郊区生产条件、生产布局、生产规模存在差异，笔者对调查中出现的一些实际问题进行了灵活把握。在数据处理过程中，笔者对于调查问卷填写不完整的予以剔除，对于调查问卷填写完整但个别项目中出现异常的，在数据核查中也予以删除，以避免人为造成的数据误差。本次调查总共发放问卷 140 份，回收有效问卷 124 份，回收有效问卷率达到 88.57%。根据调查情况，在 124 份有效调查问卷中，有 54.8% 的渔业企业建立了质量安全可追溯体系，45.2% 的渔业企业没有建立质量可追溯体系。

第二节　样本统计分析

本研究应用 STATA 17.0 对调查的样本进行统计分析,下面是 124 个有效水产品企业样本的相关变量的统计描述性分析(见表 5-1):

表 5-1　描述统计

	个案数	范围	最小值	最大值	平均值	标准差
可追溯	124	1	0	1	0.45	0.50
成立年限	124	36	2	38	9.09	6.35
资产总值	124	49 997.0	3.00	50 000.0	1 686.01	5 212.51
员工数	124	4 998	2	5 000	137.46	502.08
养殖面积	124	15 970	30	16 000	2 123.25	2 926.48
固定资产	124	4 989	11	5 000	620.07	938.78
管理层文化	124	2	1	3	2.06	0.46
普通员工文化	124	2	0	2	1.35	0.56
经济效益	124	2 995	5	3 000	395.52	552.38
政府补贴	124	120	0	120	1.54	10.76
建立可追溯体系成本支出(每年)	124	850	0	850	28.13	107.48
企业类型	124	3	1	4	3.52	0.79
产品品牌类别	124	3	1	4	3.11	1.26
企业品牌的专用性程度	124	4	1	5	2.63	1.64
效益比较	124	4	1	5	2.30	0.72
成本比较	124	4	1	5	3.43	0.72
企业管理者对水产品质量安全的重视程度	124	4	1	5	1.74	0.80
您认为企业建立可追溯体系有助于提高水产品质量安全吗	124	1	1	2	1.15	0.36
价格比较	124	3	1	4	2.27	0.86
生产商对原材料是否进行信息记录	124	1	1	2	1.05	0.22
销售商是否对水产品流向进行记录	124	1	1	2	1.18	0.38
如果政府强制要求您企业生产产品必须具有可追溯性,您会_____	124	2	1	3	1.24	0.53
如果政府鼓励您企业建立可追溯体系您会_____	124	1	1	2	1.41	0.50

(续表)

	个案数	范围	最小值	最大值	平均值	标准差
如果政府既不强制也不鼓励,您会自愿建立吗	124	1	0	1	0.23	0.43
如果同行中有企业自愿建立可追溯体系,您会_____	124	1	1	2	1.77	0.42
如果您要建立可追溯体系,您认为上下游各部门的配合有难度吗	124	2	1	3	2.02	0.62

(1) 产品是否可追溯。在此次调查的 124 个企业中,生产可追溯渔业的企业为 56 家,占总数的 45.2%,由此可见可追溯水产品并未被渔业生产企业所广泛应用,有超过半数企业的水产品没有可追溯信息。

(2) 企业成立年限。样本企业成立年限由 2～38 年不等,平均成立年限为 9.09 年,标准差 6.35。多数企业均有一定的经营积累,样本分布也较为合理。

(3) 企业资产总值。样本企业的注册资产最小为 3 万元人民币,最大为 5 亿元人民币。平均值为 1 686.01 万元,标准差 5 212.51。样本企业的资产差异较大,既有 10 万元以下的小型水产商户,也包括注册资本超亿元的大型养殖企业。

(4) 企业员工人数。与样本企业的资产总值分布情况类似,企业员工人数最小值为 2 人,最大值为 5 000 人。平均值为 137 人,标准差 502.07,基本呈现正态分布。

(5) 养殖面积。养殖面积的样本分布区间为 30～16 000 亩,均值为 2 123.25,标准差 2 926.48。可见样本企业均有一定的养殖规模。

(6) 企业经济效益。样本企业的经济效益区间为 5～3 000 万元,均值395.52,标准差552.37。由以上 4 点可知,样本企业的资产、员工人数、养殖规模、经济效益均有较大差异,其分布也较为合理,便于做进一步的研究。

(7) 企业管理层文化程度。124 个样本企业中 98 个企业管理层的受教育程度为高中或中专,占比 79.2%。初中及以下文凭为 9 人,本科文凭 17 人。可见样本企业管理层的文化水平不高,有可能成为忽视水产品可追溯信息的原因之一。

(8) 企业员工文化程度。由于主要从事体力劳动,样本企业员工的受教育程度亦较低。61.3% 为初中及以下文化水平,38.7% 为高中及中专文化水平,没有本科文化水平以上的人。

(9) 政府补贴。124 个样本企业中有 56 个企业的水产品可追溯,受到政府专项补贴的企业有 44 家。补贴金额 1 万元的有 15 家,2 万元的为 28 家,120 万元的

1家。可见政府对于进行水产品可追溯信息标注的支持和补助力度仍较小,这也是企业不主动进行水产品可追溯信息标注的原因之一。

(10) 建立可追溯体系的成本支出。在建立水产品可追溯体系的成本支出方面,124个样本企业的支出为0(或没建立)至850万元/年不等,平均值28.13万元,标准差107.478,由于样本企业的规模大小不尽相同,因此为建立水产品可追溯体系所付出的成本差异也较大。

(11) 企业类型。在受访的124家企业中,国家级龙头企业2家,省级龙头企业17家,市级龙头企业20家,非龙头企业85家。

(12) 产品品牌类别。所有企业样本中,拥有市级名牌26个,占比21%;省级名牌13个,占比10.5%;国家级名牌7个,占比5.6%。另有其他品牌78个,占比62.9%。可见样本企业的产品具有一定的品牌效应。

(13) 效益比较。当被问及"贵企业生产安全水产品和普通水产品相比较经济效益是?"5.6%的受访企业认为"高很多";66.9%的受访企业认为"高一点";21%认为"差不多";4.8%认为"低一点";仅1.69%(2家)认为"低很多"。可见,对于可追溯水产品的经济效益,多数企业是比较认可的。认为生产安全水产品比普通水产品经济效益更高的样本合计占比达到72.6%。

(14) 成本认知。关于企业对生产可追溯水产品的成本感受,选项集中于"较高"(43.5%)和"一般"(44.4%)两个选项。样本企业对于生产可追溯水产品的成本感受较为明显,但基本还在可接受的范围之内。

(15) 企业管理者对水产品质量安全的重视程度。样本企业的管理者对于水产品质量安全的重视程度较高,其中"非常重视"占比45.2%,"比较重视"占比37.1%,合计占比达到82.3%。"非常不重视"的只有1家,占比0.8%。

(16) 企业建立可追溯体系是否有助于提高水产品质量安全。当被问及"您认为企业建立可追溯体系有助于提高水产品的质量安全吗?"84.7%的受访者给予了肯定的回答,即认为可追溯体系的建立将会有助于提高水产品的质量安全。

(17) 价格比较。将可追溯水产品与普通水产品进行价格比较,当被问及"就贵企业生产的水产品具有可追溯性,消费者愿意接受的价格与普通产品价格相比":16.1%的受访企业认为"差不多";51.6%为"高出5%~10%";21.8%为"高出11%~20%";10.5%为"高出21%~50%"。可见,可追溯水产品的价格普遍高于普通水产品,为提高企业的经济效益提供了可能性。

(18) 生产商对原材料是否进行信息记录。95.2%的生产商均对原材料进行信息记录,即便是没有建立可追溯系统的大多数企业也对原材料进行信息记录。

（19）销售商是否对水产品流向进行记录。与生产商的做法类似,大多数(82.3%)水产品的销售商也会对水产品的流向进行有效记录,以面对产品售出之后可能出现的一系列风险。

（20）企业可追溯水产品体系建立意愿。如果政府强制要求企业生产产品必须具有可追溯性,80.6%的受访企业选择马上建立可追溯系统;如果政府鼓励企业建立可追溯系统,58.1%的受访企业选择马上建立,41.1%的企业选择时机成熟再建立;如果同行中有企业自愿建立可追溯体系,22.6%的受访企业选择马上建立,77.4%的企业选择观望。可见政府对于推行可追溯水产品体系的态度会在相当程度上影响企业的建立意愿。

（21）如果您要建立可追溯体系,您认为上下游各部门的配合有难度吗?17.7%的受访者认为难度很大;62.1%的受访者认为难度较大;20.2%的受访者认为没有难度。

第三节　计量经济模型与实证结果分析

一、计量经济模型的建立和变量说明

根据本研究的需要,对于养殖企业可追溯生产决策行为,问卷调查中涉及企业是否建立可追溯和是否愿意继续建立可追溯,这显然符合二元选择模型,因此,本研究应用二元选择模型进行实证分析是适宜的。为了充分利用两个模型中的扰动项(u, v)之间的关联信息,我们采用联合的 Probit 模型(Bi-Probit),其原理如下:

$$y_1 = 1[x_1\beta_1 + e_1 > 0]$$
$$y_2 = 1[x_2\beta_2 + e_2 > 0]$$

其中 x_1 为 $1 \times K_2$ 维向量,在传统二元 Probit 公式中,误差项 $e \equiv (e_1, e_2)$,被假定独立于 (x_1, x_2) 且服从二元正态分布。特别的,$e \mid x \sim \text{Normal}(0, \Omega)$,其中 x 由全部外生变量组成,且 Ω 是 2×2 维矩阵,它的对角线元素为 1 而且非对角线元素为 $p = \text{Corr}(e_1, e_2)$。这些假设意味着,$y_1$ 和 y_2 每个都服从以 x 为条件的 Probit 模型。因此,可以通过分别估计 Probit 模型得到 β_1 和 β_2 的一致估计。这并不奇怪,如果 e_1 和 e_2 是相关的,联合极大似然程序比分别估计的 Probit 更有效。当使用外生解释变量时,估计 β_1、β_2 的有效性增加时使用联合估计程序的主要

原因。

通常，我们可以对 trace 和 volestablish 分别建立 2 个独立的二元选择 Probit 模型。但是，上面二个 Probit 模型中均含有随机扰动项 u 和 v，它们均代表单个样本企业中，除了上面观测到的这 12 个回归变量外，我们没有想到的(或想到但观测不到的)的影响因素的总和。由于随机扰动项 u 和 v 针对的是同一样本企业，所以它们有高度的相关性。若把上面二元选择 Probit 模型进行独立的估计，就没有充分利用随机扰动项的高度相关性，导致估计量的标准差有所偏差，影响对真实影响因素的判别。为了解决上述问题，我们采用 Bi-Probit 模型对上述 2 个 Probit 模型进行统一的联合估计，其核心是在极大似然估计时，考虑了扰动项之间的相关性，利用二元的正态分布密度函数建立似然函数，而不是单独地各自利用一元的正态分布密度函数建立似然函数。根据调查结果，我们建立如下的联合的 Probit 模型(见表 5 - 2)。

$$trace = 1\{\beta_0 + \beta_1 time + \beta_2 asset + \beta_3 staff +$$
$$\beta_4 area + \beta_5 trcost + \beta_6 brand + \beta_7 specific + \beta_8 comparepro +$$
$$\beta_9 traeffect + \beta_{10} pricecom + \beta_{11} informrec + \beta_{12} maedu + u\}$$
$$volestablish = 1\{\beta_0 + \beta_1 time + \beta_2 asset + \beta_3 staff +$$
$$\beta_4 area + \beta_5 trcost + \beta_6 brand + \beta_7 specific + \beta_8 comparepro +$$
$$\beta_9 traeffect + \beta_{10} pricecom + \beta_{11} informrec + \beta_{12} maedu + v\}$$

5 - 2　实证模型变量含义说明和取值

变量名称	变量含义	变量类型	取值和赋值内容
trace	企业是否建立可追溯	二值变量	0＝没有建立可追溯体系；1＝建立可追溯体系
volestablish	企业是否愿意建立可追溯	二值变量	0＝不愿意建立可追溯体系；1＝愿意建立可追溯体系
time	企业成立时间	连续性变量	企业成立的具体时间
asset	资产总值	连续性变量	企业资产总值数额
staff	员工数	连续性变量	企业拥有员工数量
area	养殖面积	连续性变量	企业养殖占地面积
trcost	可追溯建立成本	连续性变量	企业建立可追溯体系的费用支出
brand	产品品牌	二值变量	0＝企业没有自主品牌；1＝企业有自主品牌

（续表）

变量名称	变量含义	变量类型	取值和赋值内容
maedu	管理层的教育程度	连续性分类变量	1＝初中,2＝高中,3＝大专,4＝本科,5＝研究生
specific	品牌专有性程度	连续性分类变量	1＝没有专用性,2＝有一点,3＝一般,4＝比较有,5＝十分了解
comparepro	安全水平品与普通水产品的效益比较	连续性分类变量	1＝高很多,2＝高一点,3＝差不多,4＝低一点,5＝低很多
pricecom	可追溯水产品价格与一般水产品价格比较	连续性分类变量	1＝差不多,2＝高出 5％～10％,3＝高出 10％～20％,4＝高出 20％～50％,5＝高出 50％以上
traeffect	可追溯对安全性的作用	连续性分类变量	1＝可追溯有助于提高水产品的安全性,2＝不一定,3＝没有
informrec	信息记录	连续性分类变量	1＝是,2＝没有

二、计量实证结果分析

本研究采用统计软件 Stata 17.0 对问卷数据进行分析处理。然后在上面的两个 Probit 模型中,均选取了 12 个回归变量如下:

time, asset, staff, area ,trcost, brand, specific, comparepro,

traeffect, pricecom, informrec, maedu

利用观测样本分别对 12 个回归变量前面的系数进行估计,并检验其显著性,最终找出 trace 和 volestablish 这二个变量的影响因素。采用 Bi-Probit 模型估计出来的系数以及各自的显著性检验更加的合理可靠。其结果如表 5-3 所示:

表 5-3　计量实证结果

变量	系数	标准误差	z 值	$p>|z|$
volestablish				
time	0.018 629 8	0.027 900 3	0.67	0.504
profit	−0.000 298 9	0.000 355 5	−0.84	0.400
asset	0.000 082 4	0.000 056 1	1.47	0.142
staff	−0.001 564 9	0.001 400 2	−1.12	0.264
area	0.000 035	0.000 055 7	0.63	0.529

（续表）

变　量	系　数	标准误差	z值	$p > \lvert z \rvert$
maedu	0.606 573 2	0.395 177 2	1.53	0.125
trcost	−0.003 913 9	0.003 260 4	−1.20	0.230
brand	0.229 808 1*	0.126 951 3	1.81	0.070
specific	0.067 267 9	0.097 258 7	0.69	0.489
comparepro	−0.402 781 4	0.254 537	−1.58	0.114
traeffect	−1.205 69**	0.578 507 4	−2.08	0.037
pricecom	0.113 062 2	0.174 143 8	0.65	0.516
informrec	−0.496 184 3	0.817 840 5	−0.61	0.544
常数项	3.424 251	1.735 093	1.97	0.048
trace				
time	−0.098 313 1	0.124 991 9	−0.79	0.432
profit	−0.000 380 2	0.000 927 7	−0.41	0.682
asset	0.001 926*	0.000 112 1	1.72	0.086
staff	−0.001 933 8	0.004 072 5	−0.47	0.635
area	0.000 157 2*	0.000 089 7	1.75	0.080
maedu	3.546 776**	1.353 422	2.62	0.009
trcost	7.893 588	5 293.424	0.00	0.999
brand	1.949 887	0.324 799 5	0.60	0.548
specific	0.646 335 7**	0.308 233 2	2.10	0.036
comparepro	−0.358 458 2	0.756 212 2	−0.47	0.635
traeffect	−7.394 59	8 772.219	−0.00	0.999
pricecom	−0.661 621	0.741 122 3	−0.89	0.372
informrec	−3.201 064	4 372.115	−0.00	0.999
常数项	16.065 65	7 605.038	0.00	0.998

注：＊＊＊、＊＊、＊分别表示在1％、5％、10％统计水平上有显著差异。

根据上面的实证计算结果，我们可以看出：

（1）在渔业企业是否进一步愿意建立可追溯体系的影响因素中，渔业企业产品的品牌效应对企业建立可追溯体系有积极的正面影响，并且在10％统计水平上差异显著，这说明产品有品牌的渔业企业更愿意建立可追溯体系，以进一步发挥品牌在扩大市场销售方面的积极作用。在可追溯体系建立作用是否有利于质量安全水平提高认知方面，可追溯体建立的安全作用对企业建立可追溯有积极的正面影响，并且在5％统计水平上差异显著，这说明良好的可追溯体系有利于水产品质量水平的提高，也进一步促进渔业企业愿意实施可追溯生产体系。

（2）在渔业企业建立可追溯生产决策行为的影响因素中，渔业企业资产总值变量在10％统计水平上差异显著。这是由于资产总值越高的渔业企业,越倾向于建立水产品可追溯体系,以保障该企业的可持续发展。渔业企业的养殖面积变量在10％统计水平上差异显著,这是由于养殖面积大的渔业企业,有更大资本和其他社会资源建立可追溯体系,建立可追溯体系也更加有利于企业的发展。另外,管理者教育程度变量在1％统计水平上差异显著,教育程度越高的渔业企业管理者,更加重视可追溯技术体系的采纳和应用。还有,品牌专有性程度变量在5％统计水平上差异显著,我们认为其原因是品牌专有程度越高的渔业企业,实施可追溯体系生产更加容易。

(3)对比渔业企业是否进一步愿意建立可追溯体系的影响因素和渔业企业建立可追溯生产决策行为的影响因素,我们发现是否拥有品牌的变量对渔业企业是否进一步愿意建立可追溯体系影响显著,而对渔业企业建立可追溯生产决策行为的影响不显著,其原因在于我们的调查数据中,拥有自主品牌的企业不是很多,大多数品牌没有经过政府机构的认证,因此,对于可追溯体系具体实施没有其他正面的作用。但是,基于心理效应,企业管理者都想建立自己的品牌,并得到政府部门认可,从而会出现两者有不同的显著性水平。

>>> 本章小结

作为水产品质量安全的源头,渔业企业对水产品质量安全具有举足轻重的影响。本章试图对我国渔业企业可追溯体系生产决策行为做实证研究,从可追溯体系的采纳和应用的情况,来回答渔业企业质量安全控制行为。基于渔业生产的区域性较强,地方政府监管力度不同以及数据的可获得性方面的考量,本章选择江苏省养殖渔业企业为样本,对企业管理者进行调查,对企业在养殖过程中实施产品质量控制的决策机制、实施意愿的影响因素等问题进行了实证研究。

通过对渔业企业实施可追溯决策生产的决策过程和影响因素的分析,结果表明,渔业企业实施可追溯生产的决策是在政府加强食品安全监管的社会环境下,消费者对食品安全重视程度不断提高的需求现状下,企业经营者自身食品安全意识增强,从而选择做出实施可追溯生产决策行为。

通过建立二元联合选择模型,对渔业企业建立可追溯生产决策和渔业企业建立可追溯生产决策的意愿进行了实证分析。结果表明,渔业企业产品的品牌效应对企业建立可追溯体系有积极的正面影响。在可追溯体系建立作用是否有利于质量安全水平提高认知方面,可追溯体建立的安全作用对企业建立可追溯体系有积极的正面影响;渔业企业资产总值对与企业实施可追溯决策也有正面的影响,并且达到了10％水平的统计差异。这些显著性统计变量为我国政府如何对渔业企业实施可追溯体系的引导和推动,起到一定的实证素材方面的作用。

渔业企业建立可追溯体系,还有利于促进渔业产业整体优化。通过鼓励水产品质量安全可追溯体系的建立,可促使企业变革和再造生产流通流程,改善经营方式,通过综合运用可追溯体系信息,完善管理,并通过可追溯体系的建立,提高产品形象和社会认可度,实现品牌化经营和标准化生产;可促进小型生产者改变生产方式,实现组织化和集团化规模化生产经营方式,或者与大中型企业合作,更有利于水产品质量的提高和行业的规范化,生产者的组织化也为监管者提供了便利,更有利于管理,构成良性循环。

第六章

可追溯水产品消费者
支付意愿的实证分析

　　消费是一切经济活动的关键，几乎所有经济活动都能与消费产生关联，这也使得消费问题成为微观经济学研究的基本问题，也是政府决策要考量的基本因素之一，政府监管对消费者行为具有重要的影响。现代消费经济理论主要包括新古典经济理论、消费心理理论和制度因素理论等，最关键的核心内容则是消费者行为假定理论。凯恩斯在新古典经济理论中曾指出，影响人们消费动机和消费行为的因素非常繁多，民族、教育、收入、经济制度、宗教、道德观念、生活经验等都能在很大程度上影响消费者的行为选择和消费动机，其影响因素涉及面广泛，包括了社会的、经济的、历史的、心理的等诸多方面。

第一节　消费者支付意愿的 Probit 分析框架

　　在食品安全消费者行为文献中，常用 Logistic 模型作为回归分析模型，用以估计影响消费者对产品支付意愿等行为的各因素作用大小。考虑到购买意愿 P_i、支付意愿 Y_i 为二值（binary）因变量，支付额外价格水平 WTP_i 为有序（ordered）四值离散因变量，变量取值较少，故而本书也可采用另一种响应模型 Probit 作为估计函数。对于前两个因变量，本研究采用 Probit 概率模型，对于最后一个因变量，选取 Ordered Probit 模型进行估计。对于基本的 Probit 模型，

$$P(Y_i = 1 \mid X_i) = \Phi(\alpha_0 + \sum\nolimits_{j=1}^{n} \alpha_j X_{ji}) = \int_{-\infty}^{\alpha_0 + \sum_{j=1}^{n} \alpha_i X_{ji}} \Phi(t)\,\mathrm{d}t \qquad (1)$$

式中，P 表示因变量 Y_i（本书中指购买意愿与支付意愿）等于 1 的概率，Φ 为标准正态分布的概率密度函数。由此可得 Probit 模型极大似然估计参数时的对数似然函数为：

$$\ln[L(\alpha_0, \cdots, \alpha_0)] = \sum_{i=1}^{n} \{Y_i \ln \Phi(A) + (1-Y_i) \ln[1-\Phi(A)]\} \qquad (2)$$

式中，$A = \alpha_0 + \sum_{j=1}^{n} \alpha_j X_{ji}$，$\alpha_0$ 为常数项，$\alpha_1, \cdots, \alpha_n$ 为回归系数，$X_{1i}, \cdots, X_{ni}$ 为影响消费者购买和支付意愿的控制因素。

对于有序响应 Ordered Probit 模型，假设因变量 Y_i（本书中指支付额外价格水平 WTP_i）在 $\{1, 2, \cdots, J\}$ 上取值，且服从：$Y_i = 1$，如果 $c_0 < Y_i^* \leqslant c_1$；$Y_i = 2$，如果 $c_1 < Y_i^* \leqslant c_2$；$\cdots$；$Y_i = J$，如果 $c_{J-1} < Y_i^* \leqslant c_J$，其中 Y_i^* 为潜变量（本书中指额外支付价格），$Y_i^* = \alpha_0 + \sum_{j=1}^{n} \alpha_j X_i + e$，$e \mid X_i \sim Normal(0, 1)$。则每一个响应概率可得：

$$P(Y_i = 1 \mid X_i) = P(c_0 < Y_i^* \leqslant c_1 \mid X_i) = \Phi(c_1 - A) - \Phi(c_0 - A)$$

$$P(Y_i = 2 \mid X_i) = P(c_1 < Y_i^* \leqslant c_2 \mid X_i) = \Phi(c_2 - A) - \Phi(c_1 - A)$$

$$P(Y_i = J \mid X_i) = P(c_{J-1} < Y_i^* \leqslant c_J \mid X_i) = \Phi(c_J - A) - \Phi(c_{J-1} - A) \qquad (3)$$

本研究中，$J = 4$，因此 Ordered Probit 为一个有序四值响应模型。自变量的选择与支付意愿模型中相同。

第二节　变量选择与数据描述分析

本研究采用在"北上广"三大一线城市搜集的水产品可追溯治理的消费者行为调查问卷数据，收回总计 573 份有效问卷，其中北京涵盖朝阳区、东城区、西城区、海淀区、丰台区共计 141 个调查样本，上海包含杨浦区、浦东新区、普陀区、虹口区、黄浦区、徐汇区、静安区共 280 个样本，广州则由番禺区、黄埔区、海珠区、越秀区、白云区、天河区的 152 个样本组成。

一、变量选择

参照已有文献的做法，在支付意愿和支付额外价格水平这两个因变量的模型中,本书选取了消费者对水产品可追溯体系的认知和态度、对水产品安全信息的需求度、对水产品质量安全的忧虑度、个体特征等控制变量,在购买意愿的模型中,则另加入了价格重要性和安全重要性两个变量。

本研究主要从消费者对可追溯水产品的购买意愿和支付意愿的影响因素,以及影响愿意为可追溯水产品支付额外费用的消费群体支付水平高低的作用因素 3 个层面进行计量分析。表 6-1 中列出了 3 个实证模型中涉及的各个变量以及取值方法。

表 6-1 变量定义与赋值方法

变量	含 义	赋 值 方 法
P_i	购买意愿	消费者是否愿意购买可追溯水产品(1=是,0=否)
Y_i	支付意愿	消费者是否愿意为可追溯水产品支付额外价格(1=是,0=否)
WTP_i	支付额外价格水平	愿意支付的额外价格区间(假设普通水产品零售价为 10 元/千克:1=0.1~0.5 元,2=0.6~0.9 元,3=1~1.5 元,4=1.6 元及以上)
attitude	对可追溯体系态度	消费者同意实施水产品可追溯体系能够提高水产品安全性(5 分制评分选择 4 和 5)赋值为 1,否则为 0
demand	对安全信息需求度	消费者购买水产品时需要更完整、准确的质量安全信息作为参考(5 分制评分选择 4 和 5)赋值为 1,否则为 0
concern	对食品安全忧虑度	消费者认为所在地区水产品安全问题严重(如药物残留超标等,5 分制评分选择 4 和 5)赋值为 1,否则为 0
aware	对可追溯体系认知	消费者对水产品可追溯体系的认知(1=听说过,0=没听说过)
price	价格重要性	选择水产品时价格是否为最重要的关注点(1=是,0=否)
safety	安全重要性	选择水产品时质量安全是否为最重要的关注点(1=是,0=否)
kid	家中是否有 18 岁以下小孩	家中是否有 18 岁以下小孩(1=是,0=否)
lowage	低年龄	1=26~35 岁,0=其他
medage	中等年龄	1=36~55 岁,0=其他
highage	高年龄	1=55 岁以上,0=其他
gender	性别	1=男,0=女
marriage	婚姻	1=已婚,0=未婚
mededu	中等学历	1=大专,0=其他
highedu	高学历	1=本科,0=其他

（续表）

变量	含　义	赋　值　方　法
topedu	最高学历	1＝研究生,0＝其他
medincome	中等收入	1＝家庭月收入1万～2万元之间,0＝其他
highincome	高收入	1＝家庭月收入2万元以上,0＝其他
guangzhou	样本所属地区：广州	1＝广州,0＝其他
beijing	样本所属地区：北京	1＝北京,0＝其他

二、样本统计分布

本次调查共回收574份有效问卷,其中上海280份,北京151份,广州143份,以下为样本变量分布特征的统计描述。调查分为3个部分进行,分别为消费者个人信息,消费者水产品可追溯体系的购买行为,消费者对水产品安全可追溯体系的认知和评价。

在消费者个人信息部分,样本统计特征如下:

（1）被调查者的性别分布情况。574位被调查者中,男性274人,占47.7%;女性300人,占52.3%,基本持平。

（2）被调查者的年龄分布情况。从年龄构成来看,25岁以下的121人,占总体的21.1%;26～35岁的185人,占总体的32.2%;36～45岁的125人,占21.8%;46～55岁的87人,占15.2%;55岁已上的56人,占9.7%(见图6-1)。

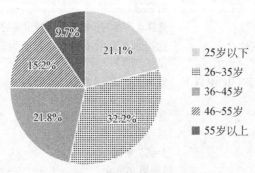

图6-1　样本的年龄分布

（3）被调查者婚姻状况。未婚184人,占全体的32.1%;已婚390人,占67.9%。

（4）被调查者的学历分布情况。高中以下学历 149 人，占总体 26.0％；大专 171 人，占 29.8％；本科 212 人，占 36.9％；研究生 42 人，占 7.3％（见图 6-2）。

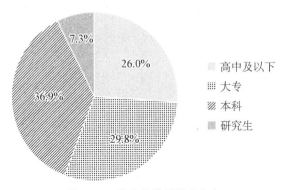

图 6-2　样本的学历程度分布

（5）被调查者家庭成员构成方面。1 个人的 17 人，占全体的 3.0％；2 个人的 56 人，占全体的 9.7％；3 个人的 278 人，占 48.4％；4 人的 128 人，占 22.3％；5 个人及以上的 95 人，占 16.6％（见图 6-3）；家中有 18 岁以下小孩的 263 人，占全体的 45.8％；没有的 311 人，占 54.2％。

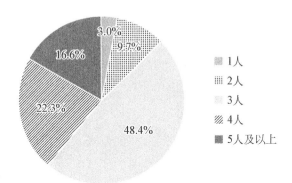

图 6-3　样本的家庭结构

（6）被调查者家庭状况。此次调查的家庭状况由"家庭成员人数""家庭中是否有 18 岁以下小孩"以及"家庭月收入"组成，借以探析不同的家庭结构对可追溯水产平均消费行为以及认知的影响。其中，近半数（277 人，48.3％）被调查者的家庭成员人数为 3 人，而 4 人家庭为 128 人（22.3％），两类合计占比 70.6％，可见被调查者的家庭人数以中国社会常见的 3 人家庭和 4 人家庭为主。另一方面，45.7％的被调查者家中有 18 周岁以下的小孩。

(7) 被调查者的家庭收入。月收入 1 万元以下的 181 人,占全体的 31.5%,1 万~1.5 万之间的 176 人,占全体的 30.7%,1.5 万~2 万元之间的 93 人,占 16.2%,2 万~3 万元的 45 人,占 7.8%,3 万元以上的 79 人,占 13.8%(见图 6-4)。

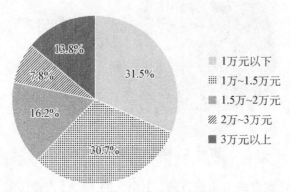

图 6-4 样本的家庭月收入分布

(8) 被调查者职业分布情况。此次调查根据研究需要将样本职业分为公务员、企业职工、事业单位职员、自由职业者、离退休人员、无业、学生以及其他等八类(见图 6-5)。

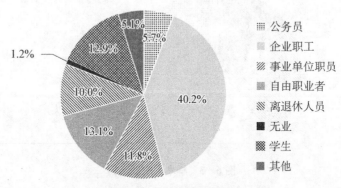

图 6-5 样本的职业分布

在消费者水产品可追溯体系的购买行为部分,样本统计特征如下:

(1) 购买过可追溯水产品的 142 人,占全体的 24.7%;没有的 432 人,占 75.3%。

(2) 通过网络输入编码查看过可追溯信息的 86 人,占全体的 15.0%;没有的 488 人,占 85.0%。

（3）觉得若是人工养殖水产品，包装袋需要标注"人工养殖"信息的424人，占全体的73.9%；不需要的150人，占26.1%。

（4）愿意购买可追溯水产品的464人，占全体的80.8%；没有意愿的110人，占19.2%。愿意为可追溯水产品支付的额外价格中，0元的34人，占全体的23.3%；0.1～0.5元的172人，占30.0%；0.6～0.9元的132人，占23.0%；1～1.5元的110人，占19.2%；1.6元及以上的26人，占4.5%。

（5）针对水产品可追溯体系的建设主要应由谁来投资的问题；认为政府的193人，占总体的33.6%；认为企业的90人，占总体的15.7%；认为消费者本身的26人，占4.5%；认为政府企业共同投资、消费者承担必要的成本的265人，占46.2%。

（6）购买可追溯水产品的主要可能原因方面，确保水产品安全的有432人，占全体的75.3%，更好地了解水产品质量的69人，占12.0%，事后可追究责任的63人，占11.0%，其他的10人，占1.7%。

在消费对水产品安全可追溯体系的认知和评价部分，样本统计特征如下：

（1）听说过水产品可追溯体系可以预防和监控质量安全问题的173人，占全体的30.1%；没听说过的401人，占69.9%。

（2）听说过水产品可追溯体系记录并提供从生产到销售全过程的质量安全信息的168人，占全体的29.3%；没有听说过的406人，占70.7%。

（3）在选择水产品时，关注"保鲜程度"的调查者最多，有258人，占全体的45.0%；其次是关注"质量认证标识"的，有189人，占32.9%；第三位关注的是"价格"，有111人，占19.3%；关注其他方面的调查者有16人，占2.8%。

（4）针对购买水产品时是否关注水产品包装或标签上的信息，回答非常关注的133人，占全体的23.2%；比较关注的229人，占39.9%；一般的163人，占28.4%；不关注和极不关注的有49人，占8.5%。

（5）在是否关注水产品质量安全信息方面，回答非常关注的92人，占全体的16.0%；比较关注的237人，占41.3%；一般183人，占31.9%；不关注和极不关注的62人，占10.8%。

（6）所在地区水产品的安全问题是否严重的问题上，认为非常严重的77人，占全体的13.4%；比较严重的206人，占35.9%；一般的237人，占41.3%；不严重和极不严重的54人，占9.4%。

（7）购买水产品时是否需要更完整、准确的质量安全信息作为参考的问题上，认为非常需要的162人，占全体的28.2%；比较需要的251人，占43.7%；一般的

136 人,占 23.7%;不需要和极不需要的 25 人,占 4.4%。

(8) 认为可追溯信息的查看方式是否方便方面,认为非常方便的 42 人,占全体的 7.3%;比较方便 171 人,占 29.8%;一般 208 人,占 36.2%;不太方便的 128 人,占 22.3%;极不方便的 25 人,占 4.4%。

(9) 在选择购买认证与追溯信息食品时媒体信息的影响是否重要的问题上,认为非常重要的 112 人,占全体的 19.5%;比较重要的 256 人,占 44.6%;一般的 171 人,占 29.8%;不重要的 35 人,占 6.1%。

(10) 在是否信任食品追溯条码中的信息方面,非常信任的 46 人,占全体的 8.0%;比较信任的 256 人,占 44.6%;一般的 211 人,占 36.8%;不太信任和很不信任的 61 人,占 10.6%。

(11) 针对"有必要实施水产品可追溯体系,因为市场上的水产品不够安全"的说法,非常同意的 221 人,占全体的 38.5%;同意的 278 人,占 48.4%;中立的 68 人,占 11.9%;反对和极反对 7 人,占 1.2%。

(12) 针对"实施水产可追溯体系能够提高水产品的安全性"的观点,非常同意的 197 人,占全体的 34.3%;同意的 300 人,占 52.3%;中立的 72 人,占 12.5%;反对和极反对的 5 人,占 0.9%。

(13) 针对"实施水产品可追溯体系能够提高消费者对水产品安全的信心"的说法,非常同意的 186 人,占全体的 32.4%;同意的 295 人,占 51.4%;中立的 87 人,占 15.2%;反对和极反对的 6 人,占 1.0%。

(14) 针对"实施水产品可追溯体系能够让我更好地了解水产品的质量特性"的说法,非常同意的 190 人,占全体的 33.1%;同意的 287 人,占 50.0%;中立的 84 人,占 14.6%;反对和极反对的 13 人,占 2.3%。

(15) 针对"发生水产品安全事件后,水产品可追溯体系能够帮助我追究责任主体"的说法,非常同意的 200 人,占全体的 34.9%;同意的 287 人,占 50.0%;中立的 80 人,占 13.9%;反对和极反对的 7 人,占 1.2%。

(16) 针对"实施水产品可追溯体系不能提高水产品的质量"的观点,非常同意的 78 人,占全体的 13.6%;同意的 124 人,占 21.6%;中立的 166 人,占 28.9%;反对的 181 人,占 31.5%;反对和极反对的 25 人,占 4.4%。

(17) 认为水产养殖环境非常差的 49 人,占全体的 8.5%;比较差的 181 人,占 31.5%;一般的 315 人,占 54.9%;比较好和非常好的 29 人,占 5.1%。

(18) 认为标有质量安全信息(追溯)的水产品价格非常低的 21 人,占全体的 3.7%;比较低的 82 人,占 14.3%;一般的 297 人,占 51.7%;比较高的 160 人,占

27.9%；非常高的 14 人，占 2.4%。

（19）在遭遇水产品质量问题时，认为采取争取索赔的行为效果非常差的 64 人，占全体的 11.1%；比较差的 180 人，占 31.4%；一般的 282 人，占 49.1%；比较好和非常好的 48 人，占 8.4%。

由以上样本统计特征分析可见，此次问卷调查的样本背景变量分布较为合理，所得数据适合用于可追溯水产品的消费行为研究。

下面的表 6-2 和表 6-3 的变量统计结果显示，在样本数据中，消费者愿意购买可追溯水产品的比例达到 81%，呈现出相当可观的消费市场。与此同时，对于相较于普通水产品的可追溯水产品，消费者中超过八成表示愿意支付大于零的额外价格。在假设普通水产品零售价格为 10 元/千克时，分别有 29.97%、23.00%、19.16%、4.53% 的被调查者愿意为可追溯水产品支付 0.1～0.5 元、0.6～0.9 元、1～1.5 元、1.6 元及以上的额外价格。可见，承担 15% 以下的溢价是绝大多数（95.47%）具有支付意愿的消费者的选择。这也符合基本调查中 46.17% 的消费者认为水产品可追溯体系的建设应由政府企业共同投资，消费者承担必要的成本的结果，而 33.62% 认为政府应当是体系建设主体的高比例，也在一定程度上解释了消费者不愿支付过高的额外价格的原因。

表 6-2 变量描述统计

变 量	均值	标准差	变 量	均值	标准差
P_i	0.81	0.39	lowage	0.32	0.47
Y_i	0.77	0.42	medage	0.37	0.48
WTP_i	1.98	0.94	highage	0.10	0.30
attitude	0.87	0.34	gender	0.48	0.50
demand	0.72	0.45	marriage	0.68	0.47
concern	0.49	0.50	mededu	0.30	0.46
aware	0.30	0.46	highedu	0.37	0.48
price	0.19	0.40	topedu	0.07	0.26
safety	0.78	0.42	medicome	0.47	0.50
kid	0.45	0.50	highincome	0.21	0.41
guangzhou	0.27	0.44	beijing	0.25	0.43

表 6-3 消费者对可追溯水产品额外价格的支付意愿

	0	0.1～0.5 元	0.6～0.9 元	1～1.5 元	1.6 元及以上
占比	23.34%	29.97%	23.00%	19.16%	4.53%

第三节　计量经济模型选择与实证结果分析

本书实证部分的模型设定,从消费者对可追溯水产品购买意愿 P_i、消费者对可追溯水产品额外价格的支付意愿 Y_i 和消费者对可追溯水产品愿意支付的额外价格水平 WTP_i 三个逐步递进的维度上来展开。前两个层面采用 Probit 模型,最后一个层面,一般文献中常采用 Interval Censored 模型进行区间删失数据估计,本书则采用 Ordered Probit 模型对有序离散变量 WTP_i 加以估计,计算边际效应后的计量结果如表 6-4 所示:

表 6-4　Probit 与 Ordered Probit 模型回归边际效应(dy/dx)结果

变　量	P_i	Y_i	WTP_i
price	−0.106 (0.132)	—	—
safety	0.007 (0.105)	—	—
attitude	0.197*** (0.061)	0.022 (0.054)	0.005 (0.015)
demand	0.103** (0.042)	0.055 (0.043)	0.008 (0.012)
concern	0.020 (0.035)	0.051 (0.038)	−0.022* (0.012)
aware	0.089*** (0.032)	0.078** (0.037)	−0.013 (0.011)
kid	−0.036 (0.038)	0.124*** (0.039)	−0.010 (0.012)
lowage	0.096* (0.050)	0.149*** (0.058)	−0.001 (0.018)
medage	0.182*** (0.055)	0.156**. (0.069)	−0.033* (0.019)
highage	0.098** (0.051)	0.102 (0.068)	−0.033** (0.015)
gender	−0.035 (0.032)	0.005 (0.036)	−0.001 (0.011)
marriage	−0.039 (0.054)	−0.159*** (0.055)	0.023 (0.016)

（续表）

变　量	P_i	Y_i	WTP_i
mededu	−0.018	0.036	−0.012
	(0.047)	(0.048)	(0.014)
highedu	0.040	0.064	−0.013
	(0.046)	(0.050)	(0.015)
topedu	0.084	0.172***	0.039
	(0.052)	(0.041)	(0.033)
medincome	0.064*	0.069*	−0.003
	(0.038)	(0.041)	(0.012)
highincome	−0.005	0.062	0.066***
	(0.046)	(0.046)	(0.025)
guangzhou	−0.027	−0.298***	−0.044***
	(0.045)	(0.057)	(0.011)
beijing	−0.098**	−0.098*	−0.010
	(0.047)	(0.052)	(0.012)
constant	−0.282	0.182	—
	(0.481)	(0.257)	
cut piont 1	—	—	−0.520**
			(0.244)
cut point 2	—	—	0.320
			(0.243)
cut point 3	—	—	1.469***
			(0.254)
N	573	573	439
log likelihood	−240.75	−276.16	−517.09
$LR\chi^2$	78.97	70.98	56.97
pseudo R^2	0.140 9	0.113 9	0.052 2

注：* $p<0.10$，** $p<0.05$，*** $p<0.01$；括号内为标准差；最后一列展示的是 $WTP_i=4$ 的边际效应结果。

　　根据表 6-4 中显示的估计结果，将消费者可追溯水产品购买意愿、额外价格支付意愿和支付水平影响因素的显著性及其影响程度归纳如下：

　　（1）消费者对可追溯体系的态度显著影响其购买可追溯水产品的意愿，且偏效应为正。这表明认为实施水产品可追溯体系能够提高水产品安全性的消费者，其购买可追溯水产品的概率要比持相反观点者高出 19.7%，这一结果与预期相一致。对可追溯体系更好的认知情况，会对消费者可追溯水产品购买意愿和额外价格支付意愿均产生正向影响，听说过水产品可追溯体系的消费者比从未听过者在同意购买和额外支付两个方面分别高出 8.9% 和 7.8% 的概率，并且这一结果在

1%和5%的置信水平下显著。换言之,对可追溯体系的了解有助于增进消费者的购买欲望和认同感,并进一步反映在愿意花费更多用于支付可追溯水产品消费的行动上。

(2) 从对水产品质量安全信息的关注度上看,有更高安全信息需求和家庭中需要抚养小孩的客群,会更具有强烈意愿选择购买可追溯水产品以及为其支付更高的价格。首先,同意"购买水产品时需要更完整、准确的质量安全信息作为参考"的消费者要比需求较低者高出10.3%的购买可能性,这一结果在统计上显著。其次,我们发现家中是否有18岁以下小孩成为显著影响是否愿意为可追溯水产品支付额外价格的因素,有小孩需要抚养的消费者家庭比无此责任的家庭在额外支付意愿上高出12.4%的比例,这可理解为此类家庭在食品安全方面更愿意花费额外费用以确保质量可靠,这也为可追溯水产品的销售目标群体提供一种思路和佐证。但单单考虑已婚人群,结果却显示具有额外支付意愿的概率低于未婚人群,联系起来可解释为已婚但没有小孩需抚养的个人,在可追溯产品额外价格承受力上弱于未婚者,而一旦拥有小孩,则会显著提高其购买可追溯产品意愿,更情愿多花费一些,来为孩子购买安全性更高的可追溯水产品。

(3) 从年龄、受教育程度、收入等个人因素考虑,中老年群体对可追溯水产品具有更高的消费倾向,受过高等教育、收入水平较高者则会更愿意为可追溯水产品支付额外的价格。一方面,中老年消费者比26岁以下参照人群在购买可追溯水产品的概率更高,反映出不同年龄层次对可追溯水产品的认同感和重视度的差异;另一方面,26~35岁和35~55岁两个年龄段的消费者分别比参照组的年轻人群在可追溯水产品额外价格支付意愿上高14.9%和15.6%,而老年人群(55岁以上)却并未有统计显著的类似结果。这符合现实逻辑,即中年客群在对可追溯水产品价值形成认同的同时,其支付能力还可进一步对支付更高价格产生认同,而老年群体受制于消费观念和收入水平,则趋向于价廉物美型产品。受过研究生教育的人群,要远比学历较低人群拥有为质量可靠度更高的可追溯水产品支付更多的意愿,这种概率要高出达17.2%。与此同时,家庭月收入2万以上的高收入群体具有6.6%的更高概率愿意承担16%以上的额外价格。不过,当假设普通水产品零售价为10元/千克时,影响消费者愿意支付0.1~0.5元区间的额外价格购买可追溯水产品的因素中,对食品安全忧虑度是重要变量,其边际效应达8.46%。

通过上述实证分析,我们可以得出如下的几个结论:

(1) 可追溯水产品市场的打开,有赖于政府相关部门对水产品质量安全把关的高标准和对可追溯体系的宣传。实证结果显示对水产品的质量安全更关注、已了解与认识到可追溯体系优点的消费者,其购买可追溯水产品的意愿更强烈,反映出政府部门和相关机构对消费群体的宣传和质量安全意识的培训具备有效性,存在营销发展、刺激新需求的市场空间。而仅30%的可追溯体系认知率也反映出此类产品目前市场熟悉度不足,尚有潜在的巨大需求体量等待挖掘。

(2) 在推动可追溯水产品等新兴消费的同时,政府还需要将如何通过利益驱动,激励更广泛的企业生产可追溯产品纳入考量。政府部门可依照市场反馈和企业成本的考量,在可追溯产品定价上予以企业恰当的上浮空间,通过相比于传统产品的溢价,鼓励更多水产品企业加强产业链条质量建设,形成质量保障的可追溯体系。企业则可进一步调研具备支付能力群体的价格承受水平,为可追溯产品制定合理价格。

(3) 政府应当结合消费市场,引导可追溯水产品的合理定价。本书研究中15%以下溢价是绝大多数被访者可以承担的范围,而更高的定价可能损失相应消费群体,尤其是老年群体。市场反应直接关乎政府消费政策的有效性,因此需要企业充分考虑加价程度对消费者购买意愿的影响,确定可追溯水产品价格区间。对于政府而言,则应当进一步规范行业,引导各企业制定合理价格,才能保证需求政策切实可行,进而拉动市场需求,为当前的转型经济注入动力。

>>> 本章小结

可追溯体系的治理和实施有利于提高消费者信心。通过解决或改善水产品供应者与消费者之间的信息不对称问题,提高水产品质量安全,维护消费者对所消费水产品质量安全情况的知情权与选择权等合法权益,提高消费者对水产品安全性的信心。另一方面,消费者对渔业经济发展和渔业政策制定具有重要的影响。本章根据对上海市、广州市和北京市消费者关于可追溯水产品质量安全的问卷调查,考察了消费者对可追溯水产品的认知水平,并分析了影响消费者对可追溯水产品购买的主要因素。

通过对"北上广"一线城市消费者的调查,基于对文献的梳理,本章主要从消费者对可追溯水产品的购买意愿和支付意愿的影响因素,以及愿意为可追溯水产品支付额外费用的消费群体影响及其支付水平高低的作用因素3个层面进行计量分析。实证结果显示,消费者对可追溯水产品的态度直接影响其购买可追溯水产品的意愿;有更好安全信息需求和家庭中有抚养小孩的,更具有购买可追溯水产品的意愿。从年龄、受教育程度、收入等个人因素考虑,中老年群体对购买可追溯水产品具有更高的消费倾向；受过高等教育、家庭收入较高的群体会更愿意为可追溯水产品支付额外的价格。

通过实证分析表明，可追溯水产品市场的打开，有赖于政府相关部门对水产品质量安全的高标准要求；在引导可追溯水产品消费的同时，政府也要通过利益驱动，激励更广泛的企业生产可追溯水产品；并且，对可追溯水产品市场价格的确定，政府也要给予考量。考虑普通消费者对可追溯食品的价格承受能力是不可回避的焦点问题，政府应发挥确保公共品供给的职能，给予企业成本优惠或资金支持，使可追溯食品的价格趋于消费者可接受的范围。另外，我国政府还应加强对可追溯水产品相关知识的科学宣传。

第七章

国外水产品质量安全可追溯
治理的经验及其启示

国际标准化组织(ISO)要求"组织应在产品实现的全过程中使用适宜的方法识别产品。组织应针对监视和测量要求识别产品状态。在有可追溯性的要求的场合,组织应控制并记录产品的唯一性标识"。

ISO 22004—2005《ISO 22000—2005 实施指南》进一步提出:在建设可追溯系统时,应考虑到组织的活动对体系的复杂性可能造成影响,诸如成分的种类和数量、产品可重复利用、与产品接触的材料、相对持续的批次生产,以及所有这些组合。组合还应考虑到可追溯性系统确认需要召回的潜在不安全产品。

2007 年 ISO/TC 34/SC 17 专门针对食品链的可追溯性,制定了 ISO 22005—2007《饲料和食品的可追溯性——体系设计与实施的一般原则和基本要求》,对可追溯性的原则和责任、可追溯性的设计和实施提出了一般原则和基本要求。

2011 年 ISO/TC 234 渔业和水产养殖技术委员会发布了 ISO 12875—2011《长须鲸产品的可追溯性——捕捞长须鲸分配链信息记录规范》和 ISO 12877—2011《长须鲸产品的可追溯性——养殖长须鲸分配链信息记录规范》。这两项标准以英国的水产品追溯信息记录规范为蓝本,对捕捞和养殖长须鲸在各个环节的追溯信息记录提出了要求。

国际食品法典委员会、国际物品编码协会和世界动物卫生组织都分别对食品安全领域的可追溯进行了相关的详细规定和提出了要求。这些国际组织的规定,也极大促成了国家组织建立食品安全可追溯机制。

目前,许多国家的政府机构和消费者都要求建立食品供应链的可追溯机制,全球已有 40 多个国家采用相关系统进行食品溯源,在欧美的许多国家,不具有可追溯功能的食品已被禁止进入市场。例如,欧盟要求各成员国建立一个广泛的、协调一致的机制,以快速、准确地查证动物调运情况,并实行肉制品标签制度,建立了以动物标识为基础的动物及动物产品的溯源机制,配套相应标准、法规支持系统的应用,正式启动动物标识溯源信息系统。在水产品供应链管理中,也有越来越多的国家要求建立可追溯机制。

第一节　美国水产品质量安全可追溯治理经验分析

渔业是美国国民经济的重要组成部分,目前,其水产品产量居世界第五位,是世界第四大水产品出口国,还是世界第二大水产品进口国[①]。

为了保障美国生产和进口的食品安全,美国已经形成了相当完善的保障体系。水产品质量安全可追溯体系的建立是其中的重要环节。

一、法律法规体系

在法律法规和相关标准体系建设方面,美国有关水产品质量安全的法律、法规达 30 余部[②],包括《美国联邦法规》中关于食品安全的规定、《联邦食品、药品和化妆品法》《联邦肉类检查法》《食品质量保护法》《公众健康服务法》《公众健康安全和生物恐怖主义预防应对法》(也被简称为反恐法),以及《食品安全现代化法案》等。其中,《美国联邦法规》是美国联邦政府执行机构和部门在"联邦公报"中发表与公布的一般性和永久性规则的集成,在一般情况下,其具有普遍适用性和法律效应。其第 9 章为"动物与动物产品",第 21 章为"食品与药品"。食品安全追溯机制的 HACCP (hazard analysis critical control point)、GMP(good manufacturing practices)的理念在法典中分别规定于第 9 章和第 21 章第 110 部分[③]。HACCP 即食品安全危害分析的临界控制点,GMP 即食品生产、包装和贮存的良好操作规范。关于 HACCP 的规定对政府机构与企业进行了不同责任和角色的明确划分,政府机构负责制定相关食品安全标准并监督检验,确保相关标准的落实并对违法行为进行惩治,企业则需保障所生产食品的安全性。此外,美国还有专门的水产品 HACCP

① 李季芳. 美国水产品供应链管理的经验与启示[J]. 中国流通经济,2010(11):57 - 60.
② 孙波. 中国水产品质量安全管理体系研究[D]. 中国海洋大学,2012:61.
③ 郑宗林等. 美国水产品质量安全体系概括[J]. 水产科技情报,2008(1):9 - 10.

法规,于 1995 年 12 月 18 日正式颁布、1997 年 12 月 18 日全面实施。而 GMP 所记录的生产全过程信息能够确保对该农产品品种、产地、生产时间的回溯,从而在源头上防止食品安全危害[①]。2002 年出台的《公众健康安全和生物恐怖主义预防应对法》是为应对食品和生物恐怖主义的,其提出了建立"从农场到餐桌"的食品可追溯机制并对进口水产品的可追溯进行了硬性规定,其规定输美生鲜产品必须提供能在 4 小时之内回溯的产品档案信息,否则,美方有权进行就地销毁。2003 年5 月,美国 FDA 公布《食品安全跟踪条例》,要求所有涉及食品加工、运输、配送和进口的企业建立本流程食品可追溯的相关全部信息记录,并规定了企业实施可追溯制度的期限,即在法规公布后,大企业(500 名雇员以上)12 个月后必须实施,中小型企业(11～499 名雇员)在 18 个月后必须实施,小型企业(10 名雇员以下)在 24个月后必须实施[②]。2011 年 1 月,美国总统奥巴马签署《食品安全现代化法案》,该法是对前法的补充和发展,其核心强调食品安全的预防,该法在强化 FDA 权力的基础上,更加注重多部门的协调,对涉及国内和进口食品安全的标准、生产、运输、召回等各方面都有系统规定。

二、监管部门设置和运行

在监管部门的设置和运行方面,美国实行的是分散的多部门联合监管模式,这些部门纵向分为联邦政府之上、联邦政府、州和地方政府四级。它们组成纵横的安全之网,确保着国家的食品安全。目前,联邦层面之上的机构如一些关于食品安全的委员会,如"总统食品安全委员会"、风险评估协会等,其负责各具体机构的联合协调。联邦政府层面共有 10 多个部门参与到食品质量安全监管,其中涉及水产品质量安全和追溯的主要有食品药品管理局(FDA),隶属于美国卫生和公共服务部(DHHS),其管理范围涵盖国内和进口食品(肉、禽和部分蛋制品除外),包括野味、食品添加剂、动物饲料和兽药;环境保护局(EPA)负责管理农药的生产、销售和使用,以及对饮用水及水中食源性有毒化学物质制定相关条例和研究方案;农业研究服务署(ARS)隶属于美国农业部(USDA),它是进行农业生产环境保护、农产品改良利用等的研究机构;动植物卫生检疫所(APHIS)则负责动植物安全的风险评估,进行监控、跟踪动植物疾病;隶属于商业部的国家海洋局(NMFS)则是对水产品进

① 李广领等. 中国农产品质量安全可追溯体系建设[J]. 湖南农业科学,2009(2)：120－123.
② 邢文英. 美国的农业品质量安全可追溯制度[J]. 世界农业,2006(4)：39.

行专门管理的机构,管理内容涉及水产品监督检验和等级划分等内容。此外,美国联邦政府层面的疾病预防控制中心(CDC)、农业服务推广局、国家卫生学院等也直接或间接地参与到水产品质量安全监管的过程中。州和地方政府一般具有相对独立的食品安全监管机构,它们需要接受联邦政府机构的监督检查,并在法律规定的情况下与联邦政府机构进行合作执法①。

三、具体实践

在具体实践方面,美国实行的可追溯制度分为前追溯制度(Identify the Immediate Previous Source,IPS)和后追溯制度(Identify the Immediate Subsequent Recipient,ISR)。IPS 主要记录产品及生产企业的基本信息,主要记录内容有:企业的名称及基本信息,产品名称、产品出产日期,产品商标、产品类型、产品品种特性、产品等级等,产品生产者、主要生产过程、产品包装者,生产区域信息,单位包装数量或重量。ISR 主要记录产品接收单位的基本信息,包括产品接受者企业名称及基本信息;描述产品交割的类型,包括产品商标名称、产品品种特性等;产品交割日期;谁生产,生产工艺如何,谁包装,以及是否带有产品识别条码信息等;产品单位包装数量(重量);外包装损坏程度;产品的保存期;产品的保质期,指失去价值或风味发生变化的时间;产品运输企业名称以及与运输企业相关的产品后追溯信息。美国可追溯监管环节包括由生产环节可追溯制度、包装加工环节可追溯制度、运输销售过程可追溯制度等构成的完整的可追溯链。生产环节的可追溯制度是典型的IPS,它追溯的是食品所有生产过程的关键点信息,对水产品生产环节的可追溯包括水产品生产的所在地、水产品的品种、水产品的生产时间以及水产品育种、饲养等环节的关键点信息都要记录;而对于向美国进口的水产品企业要求其必须实行HACCP 管理,并经美国 HACCP 管理认证。包装加工环节可追溯制度涉及前、后追溯制度。在美国,鲜食农产品生产从种植到包装多实行一体化,有些产品在进行了初加工后再进入下一环节。如前文所述,美国实行可追溯机制的 GMP 和HACCP 管理,这要求企业产品加工生产过程需严格执行相关标准。GMP 和HACCP 要求实行第三方认证,尽管美国政府不强制实行产品认证,但要求产品生产的每个环节必须是可控、安全和可追溯的,由此企业在生产过程中一般都会选择GMP 和 HACCP 管理体系。运输销售过程可追溯制度则是 ISR,运输过程始终涉

---

① 孙波.中国水产品质量安全管理体系研究[D].中国海洋大学,2012:61.

及好几个相互衔接的环节,运输前运输企业需要承接供应商或运输委托者提供的信息并转接给批发、零售商,并且批发和零售商要分别建立起本环节的条形码信息以供回溯,如果在销售环节出现问题企业则有责任实行召回[1]。

美国除了包括水产品在内的食品质量安全可追溯制度体系本身建设的完整,还在于其所拥有的强大技术保障、完善的供应链保障和适宜的消费软环境。例如美国早在1973年已成立了美国统一代码委员会(UCC),是世界上最早使用代码系统的国家[2],这为美国实行系统的水产品追溯提供了技术基础,而美国社会的高度信息化也是建立水产品追溯的强大助推器。美国具有完善高效的海洋捕捞水产品供应链结构,而养殖水产品在近年的兴起和快速发展也促进养殖水产品供应链的完善和发展,美国社会普遍的"大农场对接大零售商"的模式和高度衔接的供应链为美国水产品质量安全可追溯制度的建立提供了极大的便捷。美国社会的高度发达的消费和销售模式便于公民对水产品可追溯制度形成较高的社会文化认同,公民对可追溯食品的选择也会对企业形成激励,从而共同推动整个包括水产品在内的食品行业的追溯机制的建立。

第二节　日本水产品质量安全可追溯治理经验分析

日本是水产品生产、进口、消费大国,其水产品进口和消费量一度居世界第一。2010年日本水产品产量428万吨,自给率达54%,这也意味着日本将会进口约360余万吨的水产品。从人均产量来看,随着二战后日本经济的发展,日本水产品人均年消费量从10千克上升至1995年的最高峰37千克,近年保持在35千克左右的消费量,例如2010年的33千克,其消费支出约占日本居民食品消费支出的9%左右[3]。

鉴于水产品在国民经济和民生中的重要地位,日本一直非常注重水产品质量安全的管理。2001年,日本建立肉牛可追溯机制,2002年拓展至牡蛎产业,其后日本的水产品可追溯机制逐步建立并完善。目前,日本已经形成了比较完善的水产品可追溯体系。

---

[1] 王为民.农产品质量安全追溯管理研究[D].中国农业科学院,2013:34.
[2] 李晓川.建立我国水产品可追溯体系的若干问题[J].农业质量标准,2006(4):14-17.
[3] 王国华.日本水产品消费的变动与启示[J].世界农业,2012(1):66-69.

一、相关法律体系

日本与水产品质量安全可追溯机制建立的相关法律主要如下：

1.《食品安全基本法》

《食品安全基本法》是日本食品安全方面的综合性法律，它相较于其他的法律单行本，具有一定的统摄性和整合性。该法明确了政府和各市场主体在食品安全保障中的责任，就一些基本方针、理念、措施做了规范。它以保障食品安全，确保消费者利益为根本。它的 3 条理念即围绕着这一根本确立：①保障国民健康；②保障食品安全；③在确保食品安全的基础上，充分利用国民意见、国际经验和最新科技成果。在此理念的指导下，它创制了保障食品安全的若干措施，主要概括为 4 条：①风险评估，食品添加剂的使用、风险因素的存在都要进行评估，这种评估包括事前、事中和事后；②风险管理，即根据风险评估制定相关政策措施抑制风险造成危害或进一步扩大；③风险信息沟通，沟通的渠道包括政策制定者和个人、企业等市场主体的沟通，以及相关市场主体之间的沟通；④建立食品安全委员会，其主要职能包括实施风险评估、进行相关科学研究、对食品安全职能部门进行一定的指导和监督，并协调部门间的信息交流和沟通[①]。

2.《食品卫生法》

《食品卫生法》的目的在于"防止因食品而发生的卫生危害，提高公共卫生水平"。其明确了食品卫生主管部门厚生劳动省的责任、确定了食品卫生的监管范围、管理形式，并且制定了食品卫生标准和管理办法及处罚法则。虽然早在 1947 年已经颁布，但至今已修订超过 11 次，其中自 2003 年修改以来，日本的水产品质量安全可追溯机制不断得到完善，日本至此建立起包括 GAP、HACCP 和 ISO22000 等在内的认证、标准体系的水产品质量安全可追溯制度[②]。

3. 其他相关法律

上两部法律是比较综合性的法律，此外，日本还颁布了一系列具体实施法律单行本以佐助食品安全方方面面措施的实行。其中《农林物质的规格化及品质表示的正确化法律》（简称 JAS 法）、《药事法》《饲料安全法》《农药取缔法》《兽医师法》《可持续养殖生产确保法》等分别主要从产业质量标准标识、兽药的生产销售、饲料

---

① 郭可汾. 基于食品安全法的水产品质量安全监管[D]. 中国海洋大学, 2010：88.
② 李清. 日本水产品质量安全监管现状[J]. 国际传真, 2009(6)：78 - 79.

的生产使用、农药的管理使用、兽医从业的准入和管理、渔业环境与渔业发展的协调等方面对食品安全做了规定。这些法律共同构成了日本食品安全法律的完整体系，也为日本水产品质量安全可追溯体系提供了法律保障和基础。

二、相关管理体系

日本食品安全的监管部门主要由平行的几个部门共同组成，包括内阁下属的食品安全委员会、农林水产省和厚生劳动省等。其中食品安全委员会主要是政策咨询、信息沟通和风险评估的咨询和协调部门，农林水产省和厚生劳动省则是政策执行机构。它们的主要职能介绍如下：

1. 食品安全委员会

2003 年 7 月 1 日日本内阁府食品安全委员会根据《食品安全基本法》相关规定增设食品安全委员会，主要目的在于防止食品安全事故的多发频发，减少多头管理带来的行政部门的效率低下。该委员会由 7 名委员支持，委员全部为民间专家，这也有利于确保委员会的专业性和中立性。委员会下设规划、风险应对、紧急应付三大事务部门，负责处理委员会日常事务。其三大运行机制包括风险评估机制、风险沟通机制、危机应对机制。三大机制能够确保在事前对危险的预测、在事中协调各部门和民众对危险进行管控、在紧急事态中提出解决方案，从不同维度保障了食品安全。

2. 农林水产省

农林水产省原称农林省，随着水产问题的日益重要，更为现名，以加强对水产的综合管理。其在食品安全管理方面的主要职能是监督检查食品行业对相关标准的执行，农药、饲料的使用和生产环境等的管理。其负责水产品质量安全的机构是水产厅和消费安全局。水产厅主要负责行业的生产管理，包括加工、流通和渔业环境保护等。消费安全局以保障消费者利益为主要目的，在具体工作中负责水产品认证标识、水产品质量安全管理等方面。它们推进食品安全追溯管理工作的主要措施有：先试点后推广，建立全国统一的食品安全追溯管理指南，政府强制性与企业自主性相结合等。由此日本逐渐建立起包括肉牛、水产品等在内的食品质量安全可追溯机制。

3. 厚生劳动省

2001 年，厚生省与劳动省合并为厚生劳动省。厚生劳动省在食品安全方面的主要职责在于根据《食品卫生法》的相关规定制定相关食品安全标准、在食品安全委员会的风险评估基础上进行风险管理。在包括厚生劳动省等主管部门的管理指导下，日本水产行业已初步建立起了较为全面系统的水产品质量安全监督机制，形成了对进出口、国内消费水产品质量安全的全面监管。

第三节 挪威水产品质量安全可追溯治理经验分析

挪威是世界水产品生产和出口大国，其产量和出口位居世界前列，水产品是挪威除石油外的第二大出口产业[①]。挪威在水产品捕捞和养殖的过程中积累了丰富的经验，它已经形成了包括水产品质量安全可追溯体系在内的完善的水产品质量安全保障体系。挪威于1994年已经在渔业管理中建立起了HACCP和GMP管理体系，此后不断完善捕捞、养殖、加工、流通等环节中的质量安全监管，目前已经形成了较为发达的水产品质量安全可追溯体系。

一、法律和制度体系

挪威根据水产品捕捞、养殖、加工、流通等环节以及渔业环境治理等各方面的实践建立了较为健全的水产品质量安全方面的法律，如挪威水产品质量安全的基本法的《挪威鱼及鱼类产品质量法》对鲜活鱼的储运、养殖鱼的安全检测、加工、流通等各链条进行了系统的规定，《渔业养殖法》规定了建立养殖场的许可制度，《有关鱼类孵化养殖场的构造、装备、建立和扩建条例》《鱼病防治法》对鱼类从受精卵、幼鱼培养等生长过程以及加工、运输和销售等各个环节都制定了严格的规定，《水产品质量控制法》则从水产品运输方式、工具、温度、材料以及加工厂的建立、环境要求、加工条件等方面着手确保水产品质量的安全[②]。此外，《海洋渔业法》《鲜鱼法》《水产养殖法》《加工者条例法》《鱼类和水产品外销法》《渔港和运输法》《动物食品法》《兽医法》《药品使用法》《污染防治法》《渔民注册登记法》等法律，分别规定了渔船作业、水产养殖操作、水产品加工、水产品销售管理、水产品流通、渔用药物管理、渔业环境保护和渔业从业资格等方面的制度[③]。这些法律从"渔场到餐桌"等

① 方良,李纯厚,张伟.挪威渔业资源及其管理[J].中国渔业经济,2009(2)：64-68.
② 邵桂兰等.透过挪威经验看我国水产品质量安全管理体系与政府规制[J].中国渔业经济,2006(5)：17-20.
③ 王世表.挪威渔业产品质量安全管理机制及其启示[J].农业质量标准,2008(6)：46-48.

各个环节确保着水产品的质量安全,也为建立水产品质量安全可追溯机制提供了法律保障和基础。

法律保障下的挪威水产品质量安全体系在实践中确立了一系列具体制度,如渔业从业执照制度,养殖环节的病害报告制度、用药监督制度、产品检测制度、死鱼处理制度、饲料监管制度、养殖记录规定、产品标签规定,监督制度下的官方药残监控计划和养殖场自检程序,加工流通环节的 HACCP 制度,养殖水产品的上市前公示机制等①。这些机制和制度的确立和应用与水产品可追溯机制的确立和应用互为基础、相辅相成,共同编织着挪威的水产品质量安全之网。

二、机构体系

挪威水产品质量安全由 5 个部门协同管理,这 5 个部门分别是:挪威渔业部、挪威食品安全局、挪威渔业局、挪威营养与海产品研究所和挪威海产品出口委员会②。

挪威渔业部是挪威水产品质量安全管理的最高机构,其成立于 1946 年,负责挪威渔业战略的确定、相关法律法规的制定,它还负责在宏观上管理挪威的远洋捕捞、水产养殖、港口建设和海上运输等具体事宜。

挪威食品安全局是由挪威渔业部、挪威健康局和挪威农业局共同组建的,负责具体实施水产品质量安全法规和标准,实行对企业的监督检查,通过具体的风险管理、风险评估、风险通报管控风险,保障水产品生产消费等全过程的安全。

挪威渔业局根据法律的规定具体进行水产品的质量安全管理,负责颁发水产养殖许可证和远洋渔船的捕捞证,并且监督企业食品质量安全自检制度的建立和水产品追溯机制的构建,确保渔业的可持续发展。

挪威营养与海产品研究所是独立的科研检测和风险评估机构,为政府提供渔业方面的技术咨询,它的评估范围包括水产品"从水域到餐桌"的全过程,并且其检测监控的评估数据储存在该网站的数据库中,向社会开放。

挪威海产品出口委员会是一个中介机构,其沟通着决策者、生产者、研究机构和消费者,主要负责管理海产品市场信息并及时向消费者提供,为生产适销对路、符合消费者需要的水产品和进行合理捕捞提供了准确信息。

① 王世表.挪威渔业产品质量安全管理机制及其启示[J].农业质量标准,2008(6):46-48.
② 陈洪大.挪威水产品质量安全监管体系的调研报告[J].现代渔业信息,2007(11):15-17.

这些部门联合管理,分工协作,分别负责着水产品生产消费全过程中的一个或几个环节,共同构建起挪威包括水产品质量安全追溯机制在内的水产品质量安全监管机构体系[①]。

第四节　澳大利亚水产品质量安全可追溯治理经验分析

澳大利亚陆地面积达 768 万平方千米,居世界第 6 位,其四面环海,海岸线总长达 3.6 万多千米,其拥有世界第三大的海洋专属经济区,这为澳大利亚的水产品开发提供了广阔的前景。

目前,澳大利亚水产品出口占据其整个农产品出口量的较大比重,虽然近年来其水产品总产量不过 20 余万吨,但多名优产品,产品产值和附加值较高,在国际市场上也广受欢迎。澳大利亚在水产品进出口和生产销售过程中的质量安全管理方面也积累了丰富的经验[②]。

澳大利亚对水产品质量安全的管理实行中央政府和地方政府的分级管理,联邦政府制定全国统一的法律、法规及相关质量安全标准,各州制定适合本州具体情况的法律法规和相关质量安全标准。澳大利亚联邦政府有专门负责水产品质量安全的部门,各州政府也有相应的部门,如联邦环境、水和遗产保护部负责水产品的检验检疫,维多利亚州专设农林渔业部进行相关事宜的管理。在法律的制定方面,澳大利亚联邦政府 1991 年颁布全国通行的《渔业管理法》,新南威尔士则于 1994 年颁布本州通行的《渔业管理法》[③];联邦政府颁布食品质量安全标准《食品安全项目》《最大残留限量》等,各州也会在联邦标准基础上制定相应标准[④]。

此外,澳大利亚的水产品质量安全监管还十分注重行业协同和社会公众力量的协同组合,澳大利亚政府非常注重和行业协会的合作,鼓励它们发挥行业自律精神,行业协会在海洋捕捞、水产养殖、质量安全保障等方面的确也发挥了不可或缺的积极作用。

澳大利亚水产品可追溯机制的建立具有较为坚实的法律保障和制度基础,它在

① 陈洪大. 挪威水产品质量安全监管体系的调研报告[J]. 现代渔业信息,2007(11):15-17.
② 杨学明. 借鉴澳大利亚经验实现新时期广西水产业持续健康发展[J]. 渔业经济研究,2007(6):26-29.
③ 王为民,周云龙. 澳大利亚国家残留监控体系特点及借鉴[J]. 农业质量标准,2009(6):45-48.
④ 石静等. 澳大利亚水产养殖产地环境管理分析[J]. 江苏农业科学,2012(2):250-252.

保障水产品质量安全的长期实践中也积累了一些可供借鉴的创造性机制和经验。

澳大利亚具有完善的水产品加工和市场体系,这便于质量安全标准的统一和实施,也便于质量安全监督的进行。

澳大利亚实行严格的国家残留监控计划(NRS),建立了完善的国家残留监控体系。澳大利亚对鱼类(捕捞)和养殖的残留监控项目样品直接从鱼类公司收集,实验样品由相对独立的 NRS 签约实验室进行检测检验,以确保公正性;对有问题的样品,政府按规定应当及时追溯样品来源及产地等;NRS 也制定了严厉的农药使用规定,使用农药前需拿到相关合格证书。NRS 每年由部长向国会起草报告,内容包括国家残留检测年报、运行报告、财政报告和结果报告等四部分,其涵盖了鱼类(野生)和水产品等子项目报告,并分析评价鱼和水产等 5 类产品的检测结果,以提出建议[①]。

澳大利亚建立了 HACCP 管理体系,其涵盖了渔业生产销售等全过程,抓住保障渔业产品质量安全的 3 个关键点:捕捞环节,不仅注重渔业产品本身的安全,还注重水环境的安全;流通环节,注重安全保障措施的落实;养殖环节,严禁化学品和添加剂的滥用,严密监控疫病的预警和管控[②]。

此外,澳大利亚实行水产养殖的许可证管理,许可证持有者需向监管部门提交包括饲料量、总生物量、环境监测数据分析等相关信息的报告;养殖过程中,养殖者必须根据规定进行养殖日志记录,在进入市场销售时必须提供养殖过程的完整日志记录,否则不予上市销售;进入流通领域的水产品还必须实行严格的产地标识制度,这样便于在发生安全事故时及时准确进行溯源以召回,防止事态的扩大并迅速解决问题[③]。

第五节　冰岛水产品质量安全可追溯治理经验分析

冰岛共和国位于挪威以西,是东北大西洋中的一个岛国,近年的渔业总产量在210～220 万吨,在欧洲国家中(俄罗斯除外)仅次于挪威居第 2 位[④]。冰岛亦是中

① 王为民,周云龙.澳大利亚国家残留监控体系特点及借鉴[J].农业质量标准,2009(6):45-48.
② 中国农业贸促会渔业代表团.澳大利亚和印度尼西亚渔业发展的经验与启示[J].农业经济问题,2006(4):77-78.
③ 石静等.澳大利亚水产养殖产地环境管理分析[J].江苏农业科学,2012(2):250-252.
④ 缪圣赐.冰岛在国内建设最新的水产加工设施[J].现代渔业信息,2010(7):41.

国优质水产品的主要进口对象国,特别是随着 2013 年 4 月 15 日《中华人民共和国政府和冰岛政府自由贸易协定》的签订,中冰水产品贸易将更加频繁和便利,可以预见中国从冰岛进口的水产品数量和种类都将稳步增长,这将为消费者带去更多实惠[①]。随着中冰水产品贸易发展的深入,双方合作的深度和广度也也将不断扩大,特别是在水产品质量安全保障方面,冰岛积累了丰富的实践,其水产品质量安全可追溯机制较为成熟,中国应该在此方面多加学习。

一、法规和技术标准

冰岛水产品可追溯机制的建立是以完善的法规和技术标准为基础的。冰岛作为欧盟成员国,其水产品主要出口地也是欧盟,自然受欧盟颁布的"食品基本法 178/2002"约束,该法规定了食品安全可追溯的强制要求,此外,欧盟 TraceFish 技术标准亦为水产品实施可追溯提供了实践指导。冰岛国家内部的食品安全法规、捕捞管理法规和标签编码系统标准等都为水产品可追溯机制提供了保障[②]。质量管理系统和编码系统是水产品质量安全可追溯机制的组成部分,冰岛水产品企业在实践中建立了非常有效的编码系统,其关键是每一个货物单元都有一个唯一的特定的标识系统,从携带着大量信息的产品代码、生产日期和生产者编号就能够从产品追溯到生产以致原料,也能通过集团互联网数据库系统查询相关信息。IT 技术和数据库的建立则为建立和处理、保存并传递数据,从而实现可追溯提供了技术支撑[③]。

二、水产品可追溯机制链的组成和运行

欧盟海捕鱼 TraccFish 标准将从原料到零售商的水产品流通链归纳为 6 个具有普遍性的环节,它们分别是捕捞、到港/拍卖、加工、运输/储存、货运/批发以及零售/餐馆。冰岛水产品可追溯机制基本涵盖了这些环节。

冰岛水产品以捕捞为主,捕捞环节也是其水产品可追溯链的起点和关键。捕捞处理好的鱼将在"储鱼槽"内冰藏,"储鱼槽"成为需要编码记录的首个货物单元,

---

① 杨卫.《中冰自由贸易协定》视角下我国从冰岛进口水产品概况及展望[J]. 中国水产,2013(11):31-33.

② 潘澜澜,高天一. 冰岛水产品可追溯体系的借鉴与思考[J]. 水产科学,2011(8):517-520.

③ 刘俊荣. 冰岛水产品加工出口贸易的运营模式对我们的借鉴——冰岛联合冷冻集团水产品可追溯体系的调查与研究[J]. 2005 年渔业对外贸易跟踪研究研讨会,2006.

通过"编码"将获得关于捕鱼船、品种、规格、重量、捕获方法、捕获时间、捕获地点等,甚至拖网序号、槽中鱼体数目、最大鱼体、最小鱼体等详细的原始信息记录。该编码信息进入下一环节,将成为下一环节的起点①。

捕捞到港后,原料进入加工车间,车间将为该批原料创建一个批号,通过批号将能够追溯到原料。

加工环节将对原料重新进行分类,从而产生新的货物单元"鱼箱",鱼箱将被编码,传递追溯信息,从而链接前后环节,实现可追溯。

包装和标签阶段将提供大量新的信息,在携带前环节信息的基础上,它将包括生产者、生产日期和产品说明等信息。

货盘码盘是链接运输和储存的关键,"货盘"是进入运输和储存而建立的新的货物单元,每一"货盘"将有唯一标签。

同样,在装箱和运送环节,每一集装箱也都有一个固定的唯一编号,整批货物以"封条编号"标识,船运时则以"发货编号"标识。

由此,形成了清晰完整的水产品加工、流通和批发市场可追溯链条。其冷冻鱼产品的原料和信息流动模式即能够实现水产品的可追溯。

第六节　国外水产品质量安全可追溯机制的启示

针对我国水产品质量安全可追溯机制出现的问题,借鉴发达国家有益检验,笔者尝试从完善法律法规标准,打好可追溯体系基础;整合管理部门资源,提供可追溯机制保障;加强技术开发运用,推广落实可追溯机制;社会各方协同参与,树立可追溯文化认同这4个方面提出应对措施。从欧盟、美国等发达国家推行追溯体系建设的经验来看,他们非常注重通过制定法律要求来推动生产主体参与追溯管理。

国外水产品质量安全可追溯政府治理的经验表明,在水产品质量安全政府治理方面,除了依靠市场主体建立在维护自身利益基础上的自律来规范外,更主要的是要依靠政府超市场的监管力量来规范,推动水产品可追溯体系的实施,以减少水产品质量安全的市场失灵。欧盟、美国、冰岛、挪威等国家和地区的水产品质量安全政府治理的经验表明,这些国家都将水产品质量安全纳入国家公共管理的范畴,

---

① 刘俊荣.冰岛水产品加工出口贸易的运营模式对我们的借鉴——冰岛联合冷冻集团水产品可追溯体系的调查与研究[J].2005年渔业对外贸易跟踪研究研讨会,2006.

并加大对建立可追溯体系的支持力度,增加财政支出投入,加强可追溯方面的市场监管。政府有明确的行政管理体系,对水产养殖产品质量安全实施一体化管理。另外,这些国家在水产品质量安全可追溯领域都制定完善和明确的法律法规,从法律和制度上保证水产品质量安全的有效管理。另外,还发挥渔业社团组织和事业单位的作用,这些机构履行水产品质量安全是政府部门有益的补充。

这些国家都建立了从源头到消费环节的水产品可追溯体系;在水产品可追溯领域,这些国家都采取了积极的政策,开发可追溯应用技术体系,并辅之以实施从田头到餐桌的全过程管理为主。在管理手段上强调多种手段相结合,即强调制定完善的水产品质量安全标准、建立检验检测体系、实施市场准入制度、规定严厉的法律责任等制度手段与监督检查、食品质量安全教育宣传、生产操作培训、组织、支持和鼓励食品质量安全方面的科研和合作等行政手段相结合。

>>> 本章小结

借鉴国外的经验一直是我国政府食品安全监管重点考量的因素之一,水产品质量安全可追溯治理也不例外。本章通过对文献的梳理,发现美国、日本、挪威、澳大利亚和冰岛的食品和水产品可追溯治理理念比较先进,实践经验比较丰富。我国建立水产品质量安全可追溯体系,也是适应逐渐变化的国际进出口贸易的要求,与国际标准接轨,提高我国水产品的国际竞争力。

美国的水产品质量安全可追溯制度体系完善,法律法规齐全,拥有强大的技术保障、完善的供应链保障和适宜的消费软环境。日本非常重视水产品质量安全的管理,已经建立起完备的水产品质量安全可追溯与召回制度,法律法规完善,机构设置合理。挪威渔业非常发达,也很注重水产品质量安全的管理。澳大利亚水产品可追溯治理经验丰富,实行中央政府和地方政府分级管理,联邦政府制定统一的法律、法规及其标准体系;另外,澳大利亚的行业协会等社会组织也对水产品可追溯治理发挥了一定的作用。冰岛非常注重从水产品供应链的视角为水产品质量安全建立可追溯体系。

在水产品可追溯领域,这些国家都采取了积极的政策,开发了可追溯应用技术体系,建立了完善的法律法规和技术体系,并有特定的政府部门负责和管理。这些经验都可作为我国水产品质量安全管理工作的借鉴。

第八章

政策建议和研究展望

本章在对我国水产品质量安全可追溯问题的现状分析、企业和消费者相关的计量实证分析的结果和国外水产品质量安全可追溯性政府治理的经验分析基础上,提出完善我国水产品质量安全可追溯治理的政策建议,以为我国水产品质量安全管理提供借鉴。最后,本章对今后进一步的研究方向和内容做了展望,为进一步研究水产品质量安全可追溯提供了研究方向和研究目标,试图从法律法规、机构设置、技术信息化设计、企业激励机制、市场运行等 5 个方面提出应对措施。

第一节　完善法律法规标准,打好可追溯体系基础

通过考察发达国家和我国在水产品可追溯体系建设过程中的得失,不难发现:发达国家的成功实践是建立在完善、切实可行的法律法规基础上的;我国现阶段在水产品可追溯体系建设中的缺漏、不足也多是由于无法、无规可行,实践中法规流于纸面、各地标准不一使监管方和被监管方等各主体束手无策,导致混乱现象丛生,在根本上阻碍了我国水产品可追溯机制的完善,不利于我国初步建立起来的水产品可追溯机制的可持续发展。为此,必须抓紧完善我国水产品可追溯相关法律法规体系,制定的法律法规应明确建立我国水产品可追溯体系的目标、建立系统可行的执行制度保障体系,法律与法规应注重体系完整协同,兼具原则性、灵活性和可操作性,从而为机制的建立和完善提供基础。

一、法律法规方面

首先,我们应该确立规范的立法理念,立法明确目标、确定相关执行制度、弥补现行法律法规的缺漏和空白之处。如我国现行法律应该对水产品可追溯机制的建立做出硬性规定,建立健全食品安全的市场准入制度、食品销售环节的跟踪控制制度、食品召回制度、食品安全社会信用体系,从而对食品的生产、加工、包装、运输、储存、销售以及进出口等所有与食品有关的环节进行监管,强制一定规模的水产品企业必须建立可追溯机制,覆盖从"农田到餐桌"可追溯链条的所有方面,通过完善的"从农田到餐桌"的全程控制体系来确保食品安全;建立企业信用记录制度,确保消费者、市场、社会本身构成的权利式监督;建立完善预警惩处机制、危机管理机制,将危机控制在萌芽状态①等。

此外,法律法规应该引导整个可追溯链条上的主体事前、事中、事后全程监管的理念,而不是到消费环节才暴露问题,以出现食品安全事故为代价。

其次,我们需要在注重操作性的基础上细化一些法律法规,制定水产品质量安全可追溯的专门法律和相关配套措施。目前我国没有专门的水产品可追溯法律,一些操作指南也由于级别和权威性较低,难以推广应用。对此,我们可以借鉴日本的经验,2002 年日本农林水产省召集相关专家商讨制定统一的操作标准用于指导食品生产经营企业建立食品可追溯制度,并于 2003 年 4 月公布了《食品可追溯指南》(以下简称《指南》)。该《指南》此后又经过 2007 年和 2010 年 2 次修订和完善。《指南》明确了食品可追溯的定义和建立不同产品的可追溯系统的基本要求,规定了农产品生产和食品加工、流通企业建立食品可追溯系统应当注意的事项②。

最后,我们需要合理布局法律法规体系,淘汰法律法规不合理、相互矛盾之处。我们可以以《食品安全法》为根本,在此基础上编织地方的水产品可追溯法规保障之网。我国法律法规矛盾冲突之处不少,法律法规的更新修订周期较长是一个重要原因,如现行检测标准的修改周期有多项已经超过 10 年,而国外一般是 3~5年③,对此我们需要加快立法和法律修订进程,对这些矛盾冲突之处尽快予以澄清,堵住寻租空间,强化法律落实。

---

① 李先国. 发达国家食品安全监管体系及其启示[J]. 财贸经济,2011(7):91-96.
② 林学贵. 日本的食品可追溯制度及启示[J]. 世界农业,2012(2):38-42.
③ 李晓萌,王新. 食品安全保障的国外经验及其借鉴[J]. 管理现代化,2011(6):59-61.

二、水产品可追溯标准、规范建立方面

首先，我们需要统一相关标准体系。统一的标准体系是实现全国范围跨地区可追溯的前提，这些标准包括通用基础标准、信息标准、技术标准和管理标准等，主要包括技术应用标准（农产品追溯通用原则与一般性要求标准、信息交换标准、农产品追溯信息编码标准、同位素示踪技术等）以及追溯系统构建原则、实施指南、运行维护指南等[1]。

其次，我们需要建立协调统一的标准体系。我国目前存在着国家和地方标准并行的情况，标准之间存在混乱的状况。一方面，国家标准相对不足，水产品行业涉及各个方面的标准总共有数百项，但是国家标准只有一百余项，行业标准则达到了近五百项[2]；另一方面，地方标准芜杂，没有国家标准统一规制下的地方标准执行混乱、随意的状况突出。

最后，我们需要兼顾国际趋势，完善标准体系。我们需要加强对相关国际标准的研究和适用，根据水产品可追溯发展状况，改变我国水产品可追溯领域某些环节的过低、过少、矛盾冲突的状况。

第二节　整合管理部门资源，提供可追溯机制保障

我国的水产品可追溯体系建立的主导者、发起人主要是政府部门，政府部门的行政效率效益直接决定了水产品可追溯体系建立的进程和程度，发达国家水产品可追溯机制的成功经验也启示我国分工合理、协调高效的管理部门决定着严格、高效、科学的执法，是建立水产品质量安全可追溯机制的保障。结合我国现阶段政府定位和管理实践，我们可以将专管和统管相结合，使管理部门明确权属、合理分工，建立高效的部门协调机制，注重管理方式的科学合理，建立运转高效的管理部门，这必将使我国水产品可追溯体系建立的事业事倍功半。

（1）我们需要做好专管和统管的结合。"专管"即专门管理，"统管"即统一管理。目前，我国在水产品可追溯链上实行各环节的分段专门管理，在当前的实践

---

① 陈松. 农产品质量安全可追溯性研究进展与趋势[J]. 现代农业科技, 2012(8)：356－357.

② 周真. 我国水产品质量安全可追溯系统研究[D]. 中国海洋大学, 2013：38.

中,农业部门负责初级农产品生产环节的监管;工商部门负责食品流通环节的监管;卫生部门负责餐饮业和食堂等消费环节的监管等,涉及专管部门多达10余个,而强有力的统一管理部门却没有,这样就不利于协调整合管理资源。为此,国家可以树立一个强有力的统一管理部门,在此基础上优化各专管部门职能组合,形成科学有效的管理体制。如可以赋予食品药品监督管理局对水产品可追溯体系建立的专门协调职权,在关于水产品可追溯体系的全国问题上可以召集其他相关平级部门内的专管部门,通过协调会议的形式作出最终决定的职权。

(2) 我们需要明确管理部门权属、合理分工。明确了权属才能解决职能部门间争权夺利、推诿扯皮的问题,切实发挥多重关口安全保障作用;合理分工才能解决监管重复和监管空白同时存在的双重矛盾,改变执法效率和质量低下的现状。为此,我们需要将立法权和执行权分离开,并对执法错位、执法失职等消极执法、积极违法行为的责任和惩处作出明确规定,避免造成监管缺位、重复监管、监管不力等情况,提高监管效率和质量[①]。当前,根据《食品安全法》规定,"卫生部门、农业部门、质监部门、工商部门和食监部门是食品安全管制的主要部门,其中卫生部门综合协调,其余4个部门分别负责农产品生产、食品加工、食品流通和食品消费环节的安全管制"[②]。这一模式依然存在各部门定位不清、实践中推诿扯皮、争权夺利的问题,需要对各部门的定位与权、责、利进一步厘清。

(3) 我们需要注重管理方式的科学合理。部门设置的有效性必须通过执法实践予以落实,我国食品安全执法方式存在的不足亟需解决:

① 我们需要改变管理理念。我们的管理实践倾向于"事后"管理,"问题发生之前,是'政府最小化'状态,问题发生之后,是'政府最大化'状态,几乎耗费所有的资源去应对某一问题,整个市场规则为之停摆[③]";改变现状需要将"事前""事中"纳入管理实践。

② 改变"事后"管理理念下的"以罚代管""运动式执法"执法实践。改变以罚代管和运动式执法方式就是改变管理部门的常态化监管的懈怠和不作为,从而杜绝食品企业的机会主义倾向,有利于营造管理部门和企业的良性互动,这需要立法规范处罚方式的运用,建立常态化监管机制。

③ 我们需要创新管理方式。随着我国市场经济的发展,市场规模不断扩大,

① 白慧林. 论我国食品安全可追溯制度的构建[J]. 食品科学技术学报,2013(9):79-82.
② 袁文艺. 食品安全管制的模式转型与政策取向[J]. 财经问题研究,2011(7):26-31.
③ 刘亚平. 中国式"监管国家"的问题与反思:以食品安全为例[J]. 政治学研究,2011(2):69-79.

实践的新特点、新问题也不断呈现,如果采用老的执法理念和方式,可能会造成管不胜管、管不好的局面,例如我国正在实行的"发证式管理"方式,这是个需要层层审批的过程,不仅耗时长,而且往往沦为管理部门寻租设租、进行权钱交易的过程,改变发证式管理背后的懒政惰政和腐败就需要创新管理方式,如可引入第三方部门和独立检测机构,并发挥社会力量加强对管理部门的监管,这部分将在最后一节详述。

此外,目前政府管理面临执法资本高、人员不够、漏洞较多等重要困境,提醒我们整合管理部门资源、强化管理效果离不开财政资金支持,为此我们需要加大对水产品可追溯机制的财政投入,还需要合理吸纳社会资金,有效分配资金使用,还可以引入社会管理组织、社会公益团体的力量,形成多元治理的格局。

第三节 加强技术开发运用,推广落实可追溯机制

水产品质量安全可追溯机制的建立需要强大的技术支撑,包装、平台、信息收集、信息披露、检测等都需要技术基础。着眼于我国在技术方面的不足,我们应该:

(1)加强对技术创新的资金支持和政策宣传,建立产、学、研深度融合的技术创新体制机制,打破技术创新环节壁垒,加强技术创新的衔接性、整体性,实现平台互通、信息共享。为此我们需加强政策导向,充分发挥科研院所的创新资源,鼓励企业创新。我们需要尽早建立统一的食品追溯信息平台,建立食品身份网上查询系统,包括信息标识、系统数据规范等要素[1],使国家农产品质量安全追溯信息交换服务中心和追溯数据管理中心的总体框架得到科学合理的规划设计,推进水产品质量安全追溯的技术应用的研究[2],实现跨地区、跨级别信息查询,打破条块分割、不相往来的平台障碍,唯其如此,才能让水产品可追溯机制真正发挥其作用。

(2)水产品可追溯机制创新需要整体推进。实现水产品可追溯涉及多个环节,需搭建配套信息获取、信息收集、信息披露、信息数据库及管理技术,如食品生产代码、档案记录等信息数据库以及供应链管理技术和食品安全信息查询技术、监管技术等管理技术[3],因此在这些领域的创新需要重点突破、整体推进,不能有所

---

① 刘鹏. 国外食品可追溯制度建设分析及对我国的启示[J]. 标准科学,2012(12):88-93.
② 陈松. 农产品质量安全可追溯性研究进展与趋势[J]. 现代农业科技,2012(8):356-357.
③ 白慧林. 论我国食品安全可追溯制度的构建[J]. 食品科学技术学报,2013(9):79-82.

偏废。

（3）落实技术推广应用。技术创新的根本目的还在于运用，否则终归于纸上谈兵。对于大型企业，其是技术创新推广应用的重点，可以通过政策支持，如给予一定的税费减免，鼓励其进行技术创新和应用，发挥它们示范带头的作用。我国目前技术推广应用的难点在于小、微企业。小、微企业资金、技术实力非常有限，进行可追溯机制建立将是一个比较大的负担，这就需要政府财政和定向资金支持，针对小、微企业的特点进行特色技术开发，并对其进行技术应用培训、指导。无论是大型企业还是小、微企业，进行技术推广时要注重技术的前瞻性和适用性。前瞻性才能保证长远发展，适用性则是可持续运用的前提。

最后，可追溯的水产品最终要到消费者手上，因此，如何让消费者方便快捷的获取水产品信息至为重要。为此，可以充分互联网、移动终端的优势，在水产品溯源信息库建立的基础上，可以开发移动终端的 APP，通过扫二维码等多种手段及时、准确、完整获取要消费水产品的信息。

第四节　建立系统企业激励机制，形成建立可追溯体系内外压力

企业是水产品质量安全可追溯机制建立的主体和最重要当事者，企业力量的运动方向直接起着推进或阻碍水产品可追溯机制建立推广的作用，因此需要监管部门加以积极引导，发挥它们对于推广水产品可追溯机制的正面作用。水产品可追溯链条上的最重要的三方企业是上游的养殖企业、中间的销售企业和末端的零售企业，三方力量互相影响制约，每一环节的大小企业之间也存在着既竞争又互相合作的关系，而水产品可追溯体系建立又需要设备、技术、人员等长期的大量物力、人力的投入。如果水产品可追溯体系的建立投入产出不成正比甚至成为"负担"，作为逐利者的企业很容易形成保守联盟抱团拒斥。这就需要监管者针对不同方面、不同类型的企业采取差异化的激励措施，在设备提供、技术支撑、人员培训等给予政策、资金上的支持。

一、根据企业所处的环节采取有针对性的差异化的激励措施

首先，水产品养殖企业是可追溯体系的第一环，也是基础的一环，其后的环节

可以说是这一环的延续和发展,并且养殖环节是一个持续的过程,面临日常喂养、管理等分环节,信息采集、整理、记录繁琐复杂,技术和人员要求较高,因此对水产品养殖企业的可追溯体系要予以重点关注。为此,一应鼓励社会进行水产品可追溯技术研发,给予研发企业和养殖企业双向资金、政策支持,鼓励研发企业和养殖企业互动,通过各种形式对养殖企业进行可追溯技术指导;二要加大对养殖企业的税收减免制度,可根据养殖企业建立可追溯体系状况或将进行的资金投入建立不同的税收减免幅度,监管部门对做得好的企业还可以进行表彰等相关奖励以加强体系推广;三要从政策方面给予引导和支持,如对新设立的企业,将水产品可追溯体系作为准入门槛,对消极建立可追溯体系的企业在许可证到期时不再续发,对可追溯体系完善有效的企业给予政策优惠。

其次,针对销售企业的中间性特征,可以建立起它与养殖企业的互相制约、影响机制,如鼓励销售企业买进已经建立水产品可追溯机制养殖企业的产品,对于其与非养殖企业的差价予以合理的财政资金补偿;对于销售企业本身水产品可追溯机制的建立,可以给予设备、技术等方面的支持,避免其可追溯机制流于形式,而只机械地传递上一环节的信息。因此,对于其造成的上一环节的信息遗漏或本环节的信息记录不到位行为要给予反面激励,进行处罚。

最后,水产品零售企业处于水产品追溯链条的尾端,其主要是保存信息和将其获得途径传递到消费者手上。零售企业对养殖企业和销售企业的可追溯体系建立具有重要的反作用,对消费者消费习惯的培养也至关重要,政府可以采用资金补贴等形式鼓励零售企业将可追溯产品的可追溯性作为商品的重要特质予以突出标识和宣传,鼓励其售卖可追溯产品,鼓励其开设可追溯水产品专柜。由此形成水产品可追溯链条上各企业的良性互动,互相推进水产品可追溯机制建立完善。

二、对于不同类型的企业综合采用多种形式的激励手段

首先,我们需要发挥大型企业的示范带动、引领推进作用,大型企业资本充足、水产品可追溯体系建设具有资金方面的绝对优势,然而也正是由于其规模大而存在较大的行为惯性、对产品附属物的可追溯机制缺乏动力,在社会没有形成可追溯普遍文化和压力的时候,其惰性有了借口,为此,监管部门应该主动出击,在与企业做好沟通的同时,强力推进相关体系建设,并发挥社会舆论作用、协同相关企业做好水产品可追溯技术研发,形成社会和舆论压力,同时在大型企业水产品可追溯机制建设过程中沟通研发企业给予其技术和设备方面的支持,逐渐形成行业规范,对

于率先建立起完善水产品可追溯机制的大型企业予以表彰和政策优惠。

其次，对于中小型企业则可以分规模、分段推进，中小企业资金缺乏，面临较大的生存压力，然而也有灵活的优势，对其主要可以通过财政资金支持、税收减免和政策优惠等手段加以支持。

最后，要发挥反向激励的作用，在有条件的地区、水产大省应该率先普及水产品可追溯机制，对于那些消极建立、建立后废置不用或者流于形式的企业要予以批评和处罚。

基于此，要逐步形成企业建立水产品可追溯机制的正反、内外、资金、技术等各方面的系统激励手段。

第五节　市场各方协同参与，树立可追溯文化认同

水产品最终要走向市场，接受市场检验和选择，可追溯的水产品能否成功不仅由其本身品质决定，还受市场运行机制的重要影响，包括市场各主体对可追溯水产品的态度、消费文化、社会公益团体的协同等多向作用。

首先，政府应该积极引导市场各主体以水产品的可追溯性作为销售、消费的重要决定因素，建立起可追溯水产品的竞争优势。如前文述及，企业是水产品质量安全可追溯机制建立的当事方，在当前食品安全事故高发频发的背景下，政府可以帮助在市场上树立这样一种观点，即可追溯性将是保障水产品质量安全的重要手段，它反过来又能够让企业绷紧"质量安全第一"这根弦，实现食品生产各环节安全保证的良性循环；对于前端的零售者，管理部门应鼓励他们设立可追溯水产品专柜，逐步扩大可追溯水产品的覆盖面。消费者是可追溯链条的"末端"，消费者对可追溯水产品的选择与否直接决定着可追溯水产品的市场效益，从而决定着可追溯机制的可持续发展；企业联合组织、消费者保护组织、第三方检测监督机构等多方社会力量起着推进或阻碍水产品可追溯机制建立推广的作用，因此需要我们加以积极引导，发挥它们对于推广水产品可追溯机制的正面作用。推进水产品质量安全可追溯机制建立完善，构建水产品质量安全可追溯机制文化认同需要各方协同参与。

其次，对于消费文化的培养方面，树立消费者良性的消费习惯特别重要，管理部门可以开展多种形式的可追溯知识宣传活动，通过鼓励企业进行不定期的可追溯水产品促销活动，从而逐渐培养起消费者乐意购买可追溯水产品、以水产品的可

追溯作为挑选水产品重要要素的习惯。详言之，一则需要加强对水产品质量安全可追溯机制的知识宣传，如通过新闻媒体、社交平台进行水产品可追溯性重要性宣传，让水产品可追溯文化深入消费者内心，影响、甚至决定消费者的消费行为。二则需要创建消费者参与监督渠道，及时向消费者公布食品安全动态。消费者参与食品安全监督起着弥补政府和市场失灵的重要作用，为此我们应该为消费者创造条件、提供平台。如我们可以借鉴美国和德国经验，为消费者搭建一个信息平台，及时向公众公布食品安全的有关信息，实现互联互通和资源共享，增加透明度，进而提高公众的食品安全意识和自我保护意识，增强消费者自我保护能力。我们需要健全食品安全信息交流和公布机制，重大和典型案件的查处结果要及时向社会公布，减轻食品安全事件对社会公众心理的影响①。三则监管部门可以鼓励销售、零售企业进行多种形式的打折、促销活动，促进消费者购买可追溯产品，这也将反过来促进企业建立和完善水产品可追溯机制。

最后，对于企业联合组织、消费者保护团体、第三方检测机构等其他社会主体，相关行业组成的企业联合组织内部互相学习、互相监督，从而彼此形成压力和动力，具有较大的正面作用，需要积极加以引导。如日本的"农协"系统倡导的"全农放心系统"就对食品可追溯机制的推广发挥了极大的促进作用，对此上文已有详述。而消费者保护团体则是一支重要的消费者维权和监督组织，我国的消费者保护组织还不够成熟，这需要政府部门和相关团体加强政策宣贯、引导，给予消费者保护团体税费减免和财政支持、为其引入社会资金创造有利的社会文化软环境，鼓励消费者积极参与消费者保护团体，鼓励他们拿起法律武器，鼓励他们抱团维权。第三方检测机构则是为了补缺政府和企业检测力量的不足和保证检测结果的客观性。据统计，我国食品药品监管人员共计8万人左右，却监管着全国近5 000家药品生产企业、40万家药品流通企业、17 000家医疗器械企业、3 400多家化妆品企业、2 000多家保健食品生产企业以及230万家餐饮企业。庞大的企业数量与有限的监管人员形成鲜明对照，解决监管检测力量不足的问题已是当务之急②。引入第三检测机构需要政府政策推进，需要政府沟通科研院所，充分利用科研院所的检测资源。

市场各方力量协同参与，构建食品质量安全良好社会文化软环境，水产品质量安全可追溯机制的全面建立完善也将水到渠成。

---

① 李晓萌，王新. 食品安全保障的国外经验及其借鉴[J]. 管理现代化，2011(6)：59－61.
② 李腾飞. 食品安全监管的国际经验比较及其路径选择研究[J]. 宏观质量研究，2013(2)：19－28.

第六节 水产品质量安全追溯关键
技术问题和解决方案

通过对国内外追溯技术体系理论的研究和实践的总结,我们总结提出开展水产品质量安全追溯技术体系建设必须要解决的 6 个关键技术问题,分别是责任主体、信息传递、追溯单元、标识编码方案、产品标签和追溯系统。本节将从我国水产品养殖、加工、运输和销售的实际情况出发,对上述 6 个关键技术问题的要求、难点进行分析说明,提出具有针对性和可操作性的解决方案,从而为建立追溯技术体系做好准备。

一、明确责任主体

建设追溯技术体系要求必须明确责任主体,并且达到以下要求:责任主体应当记录并妥善管理和保存相关追溯信息,能够明确原料来源和产品去向,是追溯资料的负责任方;责任主体应有质量保证能力;行业行政主管部门要通过某种方法掌握责任主体及其产品质量安全相关信息。

从法律要求来看,《农产品质量安全法》规定企业和合作社是水产品质量安全的第一负责人,是明确的责任主体,为追溯体系建设对责任主体的要求提供了明确的方向。但现实情况仍给追溯体系建设造成了种种困难:①各地区水产品生产、经营的组织化、规模化程度不平衡,千家万户式的小农户、小作坊在水产品养殖、加工、流通过程中还广泛存在;②生产单位在生产组织上自由性较强,行业主管部门往往对辖区内生产单位的养殖品种、规模、产地地址、生产方式缺乏管理和规范的手段,甚至对于相关信息都难以掌握,造成政府对生产企业底牌不清的实际情况;③企业和合作社有一定的质量安全保证能力,但水平很不平衡,多数从业人员文化素质不高;④在信息化水平方面,企业信息记录以纸质档案为主。

针对以上问题,提出以下解决方法:根据《农产品质量安全法》的规定,明确企业和合作社从业者为水产品质量安全追溯的责任主体,帮助养殖、加工、流通从业者完善记录,以便提供追溯技术体系所需要的相关信息。帮助企业将追溯技术体系要求的质量安全信息附加至适当的载体(纸质记录、产品标识),有效的传至下一环节。帮助企业向监管平台(中央数据库)上传必要的质量安全信息。在追溯体系建设过程中,采取分步推进的策略,先期选择质量安全保证能力和管理水平较高的大中型水产品养殖企业、合作社(特别是"三品一标",即经过无公害、绿色、有机产品及地理标志认证的生产单位)和大型水产品批发市场等作为研究和示范试点,通过"公司+农户""协会+农户"等形式逐步引导中小养殖生产单位、经营单位加入追溯体系,同时达到使生产经营组织化、规模化程度提高的目的。

二、信息有效传递

追溯技术体系必须记录满足可追溯要求的各种信息,并且必须能使信息在供应链的各环节之间进行有效的传递。为了使资料传递途径变得更加便利,信息在供应链的各个环节间的转移更加流畅,记录必须及时建立并保持,可以及时获得,并与供应链的其他环节相适应——记录、储存和转移信息的安排必须考虑到确保供应链的前导环节和后续环节无缝隙的联系起来,追溯系统的兼容性必须考虑到销售市场。

信息传递工具有纸质记录和电子记录两种,即产品标识与产品信息之间的连接可以简单到一张包含各种相关信息的纸质记录,也可以用条形码、电子数据表、数据记录等电子化兼容性形式作为他们之间的连接。纸质记录的优点是执行成本低廉、应用灵活便利,缺点是处理和维持非常耗时,编写、分析需要大量的人力劳动,依赖于制定正确的程序来进行操作。信息追溯是非常耗时和困难的,记录不容易总结和审核。电子化追溯系统的优点是资料输入简单、操作错误的可能性最小化、可实时获得记录以提高效率、可以分析和处理从数据库中下载的信息,缺点是要求对设备进行资金投入,纸张条形码容易损坏并遗失所有的信息,不能完全信赖。

在信息记录方面行业基本现状表现为:

(1) 各个环节责任主体基本建立了质量安全相关记录档案制度,可满足基本追溯信息记录要求。随着近年来"水产品质量安全监管专项行动""无公害食品行动计划"等工作的开展,水产养殖生产单位中普遍建立了纸质化的生产记录档案,内容基本涉及水产品养殖质量安全相关的苗种、水质、投入品来源和使用、日常管理、销售等方面;加工企业尤其是出口加工企业,建设有比较全面的生产管理记录,很多达到 HACCP 管理体系要求;批发市场、农贸市场基本建立了索证索票制度。但受制于各主体主观意识、人员能力、设施设备基础等方面因素,其信息记录水平参差不齐,"虚假记录""应付记录""记录、生产两张皮"等现象普遍存在。

(2) 各环节责任主体信息化基础设施设备方面,大多数生产企业、批发市场、超市管理中计算机基本普及,除个别地区外网络均可覆盖。具有较高管理水平的企业开发有以成本核算、库存管理等为目的的管理系统。

(3) 政府主管部门的意识及软、硬件条件基本成熟,但由于层级、地区、监管对象等不同,职能不同,不同监管部门对追溯体系的功能需求不同。

针对以上问题,提出以下解决办法:采用纸质系统与电子化系统相结合的方式,加入追溯体系的水产养殖生产单位可以采取电子化的系统上传追溯信息,也可以沿用纸质记录由基层追溯服务部门或下一环节责任主体(如加工厂)上传其追溯信息。政府监管平台采用电子化的系统以处理海量的可追溯信息,同时加强系统的功能性,满足不同监管主体的需求。

三、追溯单元合理划分

追溯技术体系必须划分适合的追溯单元。追溯单元可以是产品单体或批次产品。在供应链中的每一个环节,销售(物流)单元有可能发生集合或者分裂。在追溯体系中,每个单元的传递或者改变(单元未改变、分裂、集合、集合和分裂)均要求保持记录。

供应链中的每一个环节,销售单元和(或)物流单元可能会传递给他方,或因为集合或者分裂而发生改变。沿着供应链发生越多的传递或者改变,则可追溯也将变得越复杂。在追溯系统中,每个单元的传递或者改变均要求保持记录。描绘从"池塘到消费者"中典型的销售单元变化。

我国水产品生产实际中,单体大、附加值高、可独立作为追溯单元的产品数量有限。而大多数产品存在数量大、单体小、不易以单个个体产品为追溯单元的特点,并且鲜销产品占很大比例。在水产品供应链中,产品单元的改变频繁。

针对这些情况,提出的解决方法有:确定以批次作为追溯单元,表示产品是在相同条件和状况下生产而得。在养殖环节,同一天、同一池塘出的同一品种为一个批次;在加工环节,同一天、同一生产线出的同一原料的同一产品为一个批次;在流通环节,同一摊主、同一天销售的同一进货批次商品为一个批次。分配给每个追溯单元唯一代码(追溯编码),附加相同的追溯信息。当单元发生改变时,重新生成新的追溯码,附加相应信息,并保存单元改变的相关记录。

四、统一标识编码方案

标识编码是追溯系统的基础。标识编码对象应包括责任主体和产品。标识编码方案规定了一组"规则"，以便供应链中各环节上的责任主体采用统一的标识方法，方便和规范信息的收集、储存和交换。

责任主体的标识编码也就是其"身份证"。可以想象，假如你没有到过朋友居住的地方，又没有朋友住房街道名称或者门牌号，要找到朋友住处是多么困难的一件事。因此，没有标识，就无法达到追溯的目的。

产品标识共分为3个层次，分别为生产批次、销售单元和物流单元。批次表示产品是在相同条件和状况下捕获或者生产而得。批次通常与较大的产品数量相关，一个生产批次通常由很多因素决定，如时间、地点、数量或者生产段。来自一个批次的产品可能被分包在一个或者多个包装或者销售单元之中。销售单元编码是分配给每一销售单元的唯一代码，因此没有两个销售单元具有相同的编码。销售单元编码保证了产品可以在单元基础上进行追溯。销售单元可以是整船鱼，可以是一筐鱼，也可以是一条鱼。销售单元应该包装成更大的单元以方便运输。这一更大的单元称为物流单元。物流单元保证了对运输包装进行追溯。销售单元和物流单元可以是相同的单元。追溯单元可以是生产批次、销售单元和/或物流单元。应分配给每个追溯单元唯一代码，保证产品可以在单元基础上进行追溯。

我国水产养殖领域的标识编码方面的实际情况，也可从责任主体和产品两方面来分析：在责任主体方面，国家对水产养殖海域和内陆水域实行养殖证制度。利用海域和内陆水域从事养殖生产活动的单位和个人，应依法取得养殖证。但在实际中，由于养殖证具有"物权证"的性质等原因，各地发放情况不同，很多养殖生产单位没有养殖证。因此难以将养殖证的编码作为养殖生产责任主体的编码标识。另外，生产单位通过无公害农产品、绿色食品、有机产品等质量安全相关的认证，取得相应的认证证书，也可获得由发证单位按统一规制制定的编码。但各认证品种间编码规制不同，同时，获得认证的生产单位在全部生产单位中的占有比例有限，因此，认证证书编码也不能作为养殖生产责任主体的编码标识。在产品方面，养殖产品在出场后的运输、批发、农贸市场交易等环节基本无编码。超市销售的养殖产品，在出售时对应销售单元（如在超市中购买一袋鱼）可生成产品贸易编码。这种编码是由超市结算系统生成，部分与 EAN·UCC 系统接轨，但无法通过其对进入超市之前的环节进行追溯。

另外，随着近些年各地各部门可追溯体系的研究和示范的广泛开展，已经开展了一些标识编码方案的研究和制定，但全国统一的即符合国际规则的信息格式，又具有一定示范应用范围的标识编码方案尚未建立。

针对以上问题，提出以下解决方法：制定统一的编码标准，规定标识编码方案,编码对象分为水产养殖责任主体和产品两部分;保证编码唯一性(每一个追溯码对应一个批次)和开放性(采用 EAN·UCC 系统,保证编码在开放的系统中能够使用);可采用防伪与追溯相结合的标识方式。

五、统一产品标签

产品信息可以通过产品标签与实际的产品批次相对应。产品标签是产品信息的载体。标签可以负载传递给供应链下一环节的一些或者全部产品信息,而且最便携的方法是通过包装标签与实际的产品包装相关联。包装可以加贴标签或者印上产品标识,通过产品标识的纸质表格或者计算机数据库便能找到各种关联信息。

对于养殖生产单位来说,由于环境和产品特性的因素,在产品或者包装上可能无法加贴标签,如将整船的鱼直接送进加工厂,无法对产品个体加贴标签。而且我国水产品消费方式多以生鲜销售为主,不易加贴标签。有些水产品单体小、数量大,加贴标签耗费人力、财力,不具备可操作性。

针对以上问题,提出以下解决方法:少数高附加值、有外包装的产品,在离开养殖场或加工厂时即可加贴、加挂标签。对鲜活方式销售的大多数水产品可采取以下方式加贴标签:泡沫运输箱(在封口处贴防伪标签);整车产品分配一个标签,加贴于随车转运记录上,等等。

六、可追溯系统模块化

可追溯系统是追溯技术体系的基本组成部分,当追溯不仅涉及单个企业内部,而是覆盖供应链全过程中的外部追溯时,可追溯系统就更加重要。

在欧美国家,虽然相关法律仅要求追溯达到公司水平,但在日益复杂的食品供应链和食品网中对可追溯体系的要求早已远高于单个公司的水平。大型零售集团、跨国食品生产商以及国际一体化食品供应链(综合商业和合作企业中的生产分销链)已实施超越公司界限的追溯体系。在追溯技术体系中进行合理的安排布局是实施的关键。应在统一的可追溯系统中,对各环节各主体确定信息追溯的范围,明确信息的接收和发送的起点和终点。同时,规定产品信息处理责任、寻求信息处理进程的一致性、定义信息采集要求和信息交换标准等都是在统一的可追溯系统中完成的。这与我们倡导的政府主导的集中的外部追溯体系在技术要求上是一致的。

而在我国水产行业中,对于可追溯系统的研发,存在三方面的复杂性。

(1) 可追溯系统应用主体本身十分复杂。我国水产行业供应链上主体形式多样,加之养殖品种众多,可追溯技术要求更加复杂。

(2) 各主体对可追溯系统的需求复杂。一方面体现在对于可追溯系统深度、宽度、精度的需求不同。这在生产者和监管者方面都有体现。有些希望"三度"尽可能高,很多生产者希望可追溯系统兼具企业内部追溯的功能从而帮助提高其内部管理能力和水平,而有些则希望"三度"尽量低,希望减少信息录入从而减少人工、设备等成本投入和实施难度。另一方面体现在对于可追溯系统功能的需求不同。有些生产企业除了追溯功能外,还希望追溯系统兼具财务、库存管理的功能。同样,对于管理部门来说,也通常希望将追溯系统作为其质量安全管理信息化的技术手段,将其开展的相关工作都纳入系统中,如检验检测、投入品监管、免疫防疫等。

(3) 各主体间(供应链上)多种流通方式并存,途径复杂。供应链上各环节信息断链,信息传递手段落后,难以跟踪查询。追溯技术体系应覆盖水产品供应链上养殖、加工、流通、销售环节,并满足供应链上不同流通途径的追溯要求,保证体系内各环节各责任主体间的信息流通畅。

针对以上问题,提出以下解决方法:采用模块化设计思想,研究开发水产品质量安全可追溯信息系统。通过统一信息采集标准、产品代码标准和标签标准,保证各环节信息系统的无缝链接,保证信息流的通畅。同时,根据不同角色主体,为可追溯系统配置不同预制功能模块,从而可以满足不同品种、不同规模、不同生产方式和组织形式的养殖企业和销售市场的追溯需求,满足养殖、加工、流通、监管不同环节责任主体的追溯需求,满足不同供应链流通模式的追溯需求。另外,在可追溯体系的一些关键技术环节也体现模块化的设计思想,如在追溯信息记录要求上,对信息记录进行分类分级,在各地各单位建设可追溯体系时,可根据自己需求选择合适的追溯信息记录要求及具有相应功能的可追溯信息系统,而国家级的监管可追溯平台只从可追溯系统中采集"最少最必要"的追溯信息。

第七节　研究创新与研究展望

本书的主要创新点在于:

(1) 水产品质量安全是一个非常复杂的问题,可以从不同的角度和层面进行研究,本书以水产品质量安全可追溯为主题,并以消费者和渔业企业为调查对象,填补了水产品质量安全可追溯治理机制的研究视角的空白。

(2) 本书基于对微观数据的调查,建立可追溯水产品消费者支付意愿的实证分析理论模型,采用 Probit 与 Ordered Probit 模型对可追溯水产品消费者支付意愿及相关影响因素作了实证分析,这在研究水产品消费者支付意愿方面的研究是一个创新。

(3) 本书从理论分析出发,构建渔业企业实行可追溯体系决策行为的理论模型,应用二元联合选择模型(Bi-Profit)分析渔业企业实行可追溯体系决策行为的影响因素,这是一个实证研究的创新。

本书研究的范围主题是水产品可追溯治理机制,并主要侧重从政府治理的角度,基于对消费者和渔业企业做一个微观实证调查。本研究为水产品质量安全政府治理研究提供了一个经济学的研究方法;为政府如何推动渔业企业应用可追溯体系,以及如何引导消费者购买可追溯水产品方面提供理论参考。由于笔者时间和精力等原因,对渔业企业可追溯生产决策和政府可追溯实施模式方面的研究还不够深入,期望自己今后在以下几个方面开展进一步的研究工作:

(1) 分品种深入研究水产品质量安全可追溯治理机制。水产品的品种繁多,每一个品种的水产品质量安全都有其内在的发生机理,因此,分品种、有针对性地开展单种水产品质量可追溯治理机制,对每个品种的质量安全及渔业企业生产决策和生产行为分析更加具有理论和实践指导意义。

(2) 行业自律组织在水产品可追溯治理方面所发挥作用的研究。从本书的研究结果看,渔业行业协会及其产业化组合等行业自律组织对水产品可追溯体系的建立具有重要的影响。从我国现有的渔业生产情况看,渔业产业化组织的发展很快,因此研究行业自律组织在水产品可追溯治理方面发挥的作用是非常迫切的。

>>> **本章小结**

本章作为本书的最后章节,在对全书进行总结概括的基础上,提出完善我国水产品质量安全可追溯治理的建议和对策。通过前面的理论和实证研究,本章提出要从完善法律法规、整合管理部门资源、加强技术开发、对渔业企业建立可追溯系统给予激励、加强市场各方参与协调等建议,并提出完善开展水产品质量安全追溯六大技术体系建设的对策。通过建立水产品质量安全可追溯体系,使企业、行业协会、消费者等组织构成水产品监管体系的一部分,为我国政府实现政府转型,实现新的管理模式,提供重要经验借鉴。

最后,本章对研究的创新点进行了总结。在理论方面,第一次尝试应用协同治理理论分析水产品质量安全的可追溯治理;在实证方面,应用微观调查的数据,分别分析了渔业企业可追溯生产决策行为和可追溯水产品消费者支付意愿。通过对全书的研究,本章期望今后在水产品质量安全政府监管方面进一步的研究方向为:

(1) 可以分品种研究水产品质量安全可追溯治理机制。

(2) 可以研究行业自律组织在水产品质量安全管理方面应该发挥的作用。

附录一　水产品可追溯治理的消费者 行为调查问卷

省（直辖市）　　　　_____

市　　　　　　　　　_____

县（市辖县、市辖区）　_____

　　　水产品可追溯体系就是记录存储水产品养殖、加工和销售全过程中与质量安全相关的信息（如生产者的姓名、生产过程中渔药及添加剂的使用情况等），并将这些信息通过一定的手段（如条形编码等）附着在水产品上，遇到质量问题时，有利于管理部门及时、快速地对出现质量安全问题的产品实行"召回"和"撤销"，以更有效地找到负责人，从而维护消费者的权益，是对水产品各种相关信息进行记录存储的质量保障体系。

尊敬的消费者：

首先感谢您的合作。"水产品质量安全"关系到人们的健康，水产品可追溯体系（含义解释见问卷的封面）是确保消费者水产品安全的主要工具，如何推进水产品可追溯体系的建设需要问计于民，需要消费者的配合与支持，以便于政府决策。为此上海海洋大学食品学院和公共管理研究所对水产品可追溯体系展开调查，对您填答的所有资料，仅供学术研究使用，绝不外流。请您按照实际情况或者想法进行选择，以使我们的研究更具真实性。非常感谢您的合作与参与！

A：个人信息情况

A1. 您的性别：① 男　② 女

A2. 您的年龄：① 25 岁以下　② 26～35 岁　③ 36～45 岁　④ 46～55 岁　⑤ 55 岁以上

A3. 您的婚姻状况是：① 未婚　② 已婚

A4. 您的学历：① 高中（中专，含以下）　② 大专　③ 本科　④ 研究生

A5. 您的家庭成员结构：① 1 个人　② 2 个人　③ 3 个人　④ 4 个人　⑤ 5 个人及以上

A6. 您家中是否有 18 岁以下小孩：① 是　② 否

A7. 您的职业是：① 公务员　② 企业职工　③ 事业单位职员　④ 自由职业者　⑤ 离退休人员　⑥ 无业　⑦ 学生　⑧ 其他

A8. 您的家庭总和的月收入是：

① 1 万元以下　② 1 万～1.5 万元之间　③ 1.5 万～2 万元之间　④ 2 万～3 万元　⑤ 3 万元以上

B：对水产品可追溯体系的购买行为

B1. 您购买过可追溯水产品吗？	① 是	② 否
B2. 您是否通过网络输入编码查看过可追溯信息？	① 是	② 否
B3. 您觉得是若是人工养殖水产品，包装袋需要标注"人工养殖"信息吗？	① 是	② 否
B4. 您是否愿意购买可追溯水产品？	① 是	② 否

B5. 渔业企业执行水产品可追溯体系后，会导致生产成本增加，进而增加水产品售价。假设普通水产品的零售价格是 10 元/千克，您愿意为可追溯水产品支付多少额外价格？

① 0　② 0.1～0.5 元　③ 0.6～0.9 元　④ 1～1.5 元　⑤ 1.6 元及以上

B6. 您认为水产品可追溯体系的建设主要应由谁来投资?

① 政府　② 企业　③ 消费者　④ 政府企业共同投资、消费者承担必要的成本

B7. 如果您购买可追溯水产品,则主要是出于以下哪个原因?

① 确保水产品安全　② 更好地了解水产品质量　③ 事后可追究责任 ④ 其他

B8. 您认为哪些水产品最需要建立可追溯体系(多选,不超过三项)?

① 淡水养殖的鲜活水产品　② 海水养殖的鲜活水产品　③ 捕捞的海产品

④ 加工的水产品　⑤ 其他

B9. 渔业企业执行水产可追溯体系的过程中,您认为政府应承担的主要责任是(多选,不超过三项):

① 建立法规规范企业的行为　② 监督并披露企业的行为　③ 严惩不法企业 ④ 资助企业以降低可追溯食品的价格　⑤ 宣传可追溯水产品的知识(如信息查询方式)　⑥ 其他

B10. 您平时主要在哪里购买水产品(最多选两项)?

① 水产品批发市场　② 超市　③ 菜场里面的水产品零售商　④ 路边水产品小贩　⑤ 其他

B11. 如果发现购买的可追溯水产品有问题,您可能采取什么态度?

① 自认倒霉　② 找销售商索赔　③ 向有关部门举报　④ 不再购买 ⑤ 其他

C: 对水产品安全可追溯体系的认知和评价

C1. 您是否听说过水产品可追溯体系?	① 是	② 否
C2. 您是否听说过水产品可追溯体系可以预防和监控质量安全问题?	① 是	② 否
C3. 您是否听说过水产品可追溯体系可以记录并提供从生产到销售全过程的质量安全信息?	① 是	② 否

C4. 在选择水产品时,您关注下列哪些因素?请按关注度排序

最重要(　　　　),第二重要(　　　　),第三重要(　　　　)

① 价格　② 质量认证标识　③ 保鲜程度　④ 标签　⑤ 外观　⑥ 其他

C5. 您购买水产品时是否关注水产品包装或标签上的信息?	① 非常关注	② 比较关注	③ 一般	④ 不关注	⑤ 极不关注
C6. 平时您关注水产品质量安全等方面的信息吗?	① 非常关注	② 比较关注	③ 一般	④ 不关注	⑤ 极不关注

（续表）

C7. 您认为您所在地区水产品的安全问题严重吗(如药物残留超标等)?	① 非常严重	② 比较严重	③ 一般	④ 不严重	⑤ 极不严重
C8. 您购买水产品时是否需要更完整、准确的质量安全信息作为参考?	① 非常需要	② 比较需要	③ 一般	④ 不需要	⑤ 极不需要
C9. 您认为可追溯信息的查看方式是否方便?	① 非常方便	② 比较方便	③ 一般	④ 不太方便	⑤ 极不方便
C10. 在选择购买认证与可追溯信息食品时,媒体信息对您影响重要吗?	① 非常重要	② 比较重要	③ 一般	④ 不太重要	⑤ 无关紧要
C11. 您信任食品追溯条码中的信息吗?	① 非常信任	② 比较信任	③ 一般	④ 不太信任	⑤ 很不信任

C12. 您认为造成水产品安全问题的主要原因是(多项选择)

① 政府监管部门和消费者无法获知生产过程和水产品含量中的有害信息,使厂商有机可乘　② 企业片面追求利润　③ 企业社会责任意识淡薄　④ 国家标准不完善　⑤ 政府监管不到位　⑥ 企业生产水平不高　⑦ 其他

C13. 您是否主动去了解过水产品可追溯体系,如果"是",则主要通过哪些途径(多选,不超过三项)? 如果"否",则跳过本题。

① 广播或电视　② 政府公告　③ 报纸或杂志　④ 生产企业的广告　⑤ 销售场所的广告　⑥ 食品上的说明　⑦ 网络　⑧ 他人的介绍　⑨ 其他

C14. 关于下列说法,您的认可度是:	非常同意	同意	中立	反对	极反对
有必要实施水产品可追溯体系,因为市场上的水产品不够安全。	①	②	③	④	⑤
实施水产可追溯体系能够提高水产品的安全性。	①	②	③	④	⑤
实施水产品可追溯体系能够提高消费者对水产品安全的信心。	①	②	③	④	⑤
实施水产品可追溯体系能够让我更好地了解水产品的质量特性。	①	②	③	④	⑤
发生水产品安全事件后,水产品可追溯体系能够帮助我追究责任主体。	①	②	③	④	⑤
实施水产品可追溯体系不能提高水产品的质量。	①	②	③	④	⑤

C15. 您最希望获得哪些水产品质量安全信息？（多选，不超过三项）

① 品种来源　② 饲料、添加剂和渔药使用情况　③ 添加剂和渔药的检测结果　④ 无公害、绿色或有机水产品等认证　⑤ 生产各环节的卫生状况　⑥ 检疫员、检疫单位　⑦ 生产、加工等环节的负责人　⑧ 疫病疫情　⑨ 其他

C16. 您觉得应该由谁来提供上述水品安全信息（多选，不超过三项）：

① 生产厂　② 经销　③ 政府职能部门（工商、质监部门）

④ 专业权威机构（认证中介、专业研究机构等）　⑤ 行业组织　⑥ 其他

C17. 您认为水产养殖环境怎么样？	① 非常差	② 比较差	③一般	④比较好	⑤非常好
C18. 您认为标有质量安全信息（追溯）的水产品价格高吗？	① 非常低	② 比较低	③ 一般	④ 比较高	⑤ 非常高
C19. 在遭遇水产品质量问题时，您认为采取争取索赔的行为有效果吗？	① 非常差	② 比较差	③ 一般	④ 比较好	⑤ 非常好

调查至此结束，真诚感谢您的合作！

附录二　水产品可追溯治理的企业 生产行为调查问卷

贵企业名称：_____

贵企业地址：_____省_____市_____县(区)

被调查者职位：_____

被调查者联系方式：_____

水产品可追溯体系就是记录存储水产品养殖、加工和销售全过程中与质量安全相关的信息(如生产者的姓名、生产过程中渔药及添加剂的使用情况等)，并将这些信息通过一定的手段(如条形编码等)附着在水产品上，是对水产品质量安全各种相关信息进行记录存储的质量安全保障体系。

尊敬的企业经理:

首先感谢您的合作。水产品可追溯体系是确保水产品安全的主要工具,如何推进水产品可追溯体系的建设需要生产者的配合与支持,以便于政府决策。为此上海海洋大学食品学院和公共管理研究所对水产品可追溯体系展开调查,对贵公司填答的所有资料,仅供学术研究使用,绝不外流。请您按照实际情况或者想法进行选择,以使我们的研究更具真实性。非常感谢您的合作与参与!

A. 企业的基本情况(A1~A6 请财务部经理回答)

A1. 贵企业的成立时间为＿＿＿＿＿＿＿＿＿;资产总值(万元):＿＿＿＿＿＿＿＿＿＿;

企业目前从业人员数(人):＿＿＿＿＿＿＿＿;主要经营的业务范围:A. 水产品养殖与销售　B. 水产品加工　C. 其他(请注明)＿＿＿＿＿各业务之间的比例为＿＿＿＿＿＿＿＿＿。

A2. 贵企业的养殖占地面积(亩):＿＿＿＿＿＿＿＿;固定资产总值(万元):＿＿＿＿＿＿＿＿;

企业管理层平均文化水平:＿＿＿＿＿;普通员工平均文化水平:＿＿＿＿＿;

A3. 2014 年销售总额(万元):＿＿＿＿＿＿＿＿;2014 年成本总支出(万元):＿＿＿＿＿＿＿;

A4. 贵企业是否建立可追溯体系:① 是　② 否(选择否的话,请跳答 A5)

A4.1　如建立的话,最初实施追溯系统的时间为＿＿＿＿年＿＿＿＿月;

A4.2　建立可追溯体系以前的年经济效益是(万元):＿＿＿＿＿＿;

A4.3　建立可追溯体系是否有政府的补贴:① 是　② 否,补贴资金(万元):＿＿＿＿＿＿＿;

A4.4　企业建立可追溯体系的成本支出(万元/年):＿＿＿＿＿＿;

A4.5　企业建立可追溯体系,是内部可追溯还是外部可追溯:＿＿＿＿＿;

A5. 您企业属于:① 国家级龙头企业　② 省级龙头企业　③ 市级龙头企业④ 其他

A6. 贵企业销售的产品是否有自主品牌(选择否的话,请跳答 A7)

① 是(请列出品牌名称＿＿＿＿＿＿＿＿)② 否

A6.1　若选"是",它现在是:＿＿＿＿＿①市级名牌　② 省级名牌　③ 国家级名牌　④ 其他

A6.2　贵企业品牌的专用性程度是＿＿＿＿＿①　②　③　④　⑤
(其中①代表没有专用型,⑤代表专用性程度很强,②、③、④居中,且依次

增强）

A7. 企业主要产品或生产场地获得哪些认证

① 无公害水产品认证　② 绿色水产品认证　③ 有机水产品认证　④ QS 认证　⑤ ISO9000 系列认证　⑥ 国家免检产品称号　⑦ 其他质量认证,请注明

_____

A8. 您所在企业通常在生产或加工阶段采用哪些手段确保水产品安全

① 严格的检疫或检测制度　② 引进 HACCP 管理系统(关键控制点)

③采用良好操作规范(GMP)或生产规范　④ 采用卫生标准操作程序(SSOP)

⑤其他方式;请注明: _____

A9. 贵企业生产安全水产品和普通水产品相比较经济效益是(包括无公害、绿色、有机):

① 高很多　② 高一点　③ 差不多　④ 低一点　⑤ 低很多

A10. 您认为目前企业生产安全水产品的成本(包括无公害、绿色、有机):

① 很低　② 较低　③ 一般　④ 较高　⑤ 很高

A11. 企业管理者对水产品质量安全的重视程度:

① 非常重视　② 重视　③ 一般　④ 不重视　⑤ 很不重视

A12. 企业近5年来是否发生过水产品质量安全事件(选择否的话,请跳答 A13):

① 是　② 否　③ 不清楚

A12.1　发生次数:① 1 次　② 2 次　③ 3 次　④ 4 次及以上

A12.2　事件原因

① 上游企业质量安全问题　② 本企业质量安全问题

③下游企业问题　④ 消费者消费方式问题

A12.3　事件严重程度

① 非常严重　② 严重　③ 一般　④ 不严重　⑤ 没有影响

A13. 目前企业和上下游各部门之间是否建立长期合作关系　①是　② 否

A14. 目前企业与上下游各部门之间进行交易时往往处于主导地位吗?

① 是　② 不是　③ 不一定。

A15. 企业是否有自己的养殖基地

① 有　② 没有　如果有,基地产品占原材料的_____%

B. 对水产品质量安全可追溯制度和政府相关政策认知

B1. 您了解水产品质量可追溯制度吗?

① 没有听说过　② 听说过,但不了解　③ 有点了解　④ 比较了解　⑤ 很了解

B2. 您了解企业建立水产品可追溯制度的相关国家政策吗?

① 完全没有听说过　② 听说过,但不了解　③ 有点了解　④ 比较了解
⑤ 非常了解

B3. 您知道很多国家要求进口的水产品必须具有可追溯性吗?

① 知道　② 不知道

B4. 您知道同行业内有企业建立可追溯体系吗?

① 有　② 没有　③ 不知道

B5. 您认为企业建立水产品质量可追溯体系是未来的一个发展趋势吗?

① 是　② 不一定　③ 不是

B6. 您认为未来几年内政府会加强这方面的工作吗?

① 会　② 不清楚　③ 不会

B7. 您所在地区对建立可追溯系统有没有政策优惠呢?

① 有　② 没有　③ 不清楚

B8. 您认为,我国未来几年内政府会强制实行水产品质量可追溯制度吗?

① 会　② 不清楚　③ 不会

B9. 您认为企业建立可追溯体系有助于提高水产品质量安全吗?

① 是　② 不一定　③ 不是

B10. 您认为企业要建立可追溯体系成本会

① 非常高　② 较高　③ 一般　④ 较低　⑤ 很低

B11. 就您目前的情况,如果建立可追溯体系,经济收益会

① 亏损较大　② 短期亏损　③ 盈亏平衡　④ 效益较好　⑤ 效益很好

B12. 就您认为要实现水产品可追溯性可能存在哪些风险:(选择最主要的三项)

① 价格风险　② 技术风险　③ 资金风险　④ 政策风险

⑤ 对企业自身的信誉造成风险　⑥ 其他风险,请注明:＿＿＿＿＿

B13. 如果目前市场上出现具有可追溯性的水产品,您认为消费者愿意接受吗?

① 非常愿意　② 比较愿意　③ 不愿意,认为多此一举　④ 不清楚

B14. 就贵企业生产的水产品具有可追溯性,消费者愿意接受的价格与普通产品价格相比:

① 差不多　② 高出 5％～10％　③ 高出 11％～20％　④ 高出 21％～50％
⑤ 高出 51％以上

C. 企业建立水产品质量可追溯系统意愿

C1. 贵企业对所生产产品的原材料是否进行信息记录？　①是　② 不是

C2. 记录的内容包括

① 原材料名称及产地　② 购买时间、地点及上游客户单位　③ 原材料属性
④ 材料储运手段　⑤ 其他记录，请注明：_____

C3. 贵企业是否要求或鼓励原材料供应商进行生产过程信息记录？

① 是　② 不是

C4. 原材料供应商对原材料生产过程的信息记录实施情况如何？

① 完全按企业要求进行记录　② 基本按要求记录　③ 很少按要求记录

④ 完全不按要求记录

C5. 销售商是否对水产品流向进行记录？　①是　② 不是

C6. 如果政府强制要求您企业生产产品必须具有可追溯性，您会

① 马上建立可追溯体系　② 能够争取不建立就不建立　③ 只进行产地标示

C7. 如果政府鼓励您企业建立可追溯体系您会

① 建立　② 时机成熟再建立　③ 不会建立

C8. 您希望政府从哪些方面给予支持？（选择最主要三项）

① 政策引导　② 规范法律　③ 宣传教育　④ 提供第三方信息中心　⑤ 信
息监督　⑥ 信息公布　⑦ 资金支持　⑧ 技术辅导　⑨ 其他支持，请注明：____
____

C9. 如果政府既不强制也不鼓励，您会自愿建立吗？

① 会　② 根据情况而定　③ 不会

C10. 那么您自愿建立出于何种目的？（选择最主要三项）

① 为满足下游部门需要（如加工企业）　② 为满足消费者对产品信息需求
③ 为打开国际市场　④ 为促使产品差异化，品牌化　⑤ 为确保食品安全，树立企
业形象，降低潜在风险　⑥ 其他原因，请注明

C11. 如果同行中有企业自愿建立可追溯体系，您会

① 马上建立　② 看其实施情况，及市场反映　③ 不会建立

C12. 如果您要建立可追溯体系，您认为上下游各部门的配合有难度吗？

① 难度很大　② 难度较大　③ 没有难度

C13. 贵企业目前没有建立可追溯体系的原因是（请选择最重要三项，已建立的不用回答）

①以前没有听说过　②政府没有要求，并且没有相关法　③其他同行大都没有建立　④技术上存在困难（如由于产品生产或加工属性无法进行跟踪识别，或者信息采集、理困难等）　⑤企业资金短缺　⑥专业人才缺乏　⑦需要供应链上所有企业参与，不宜操作　⑧消费者没有需求　⑨产品属性决定实现可追溯性成本太高

衷心感谢您的回答！

再次声明：对于您提供的信息，仅供学术研究使用，绝不外流！

参考文献

[1] 查尔斯·韦兰. 公共政策导论[M]. 魏陆, 译. 上海: 格致出版社, 2014.

[2] 丹尼尔·F·史普博. 管制与市场[M]. 上海: 上海三联书店, 1999.

[3] 费威. 我国食品质量安全管理问题研究: 基于食品安全供给网络的视角[M]. 北京: 中国社会科学出版社, 2014.

[4] 刘小兵. 政府管制的经济分析[M]. 上海: 上海财经大学出版社, 2004.

[5] 吴晶. 《食品安全管理体系 审核与认证机构要求》理解与实施[M]. 北京: 中国标准出版社, 2009.

[6] 颜海娜. 食品安全监管部门间关系研究——交易费用理论的视角[M]. 北京: 中国社会科学出版社, 2010.

[7] 植草益. 微观规制经济学[M]. 北京: 中国发展出版社, 1992.

[8] 周应恒等. 现代食品与管理[M]. 北京: 经济管理出版社, 2008.

[9] 王永钦, 刘思远, 杜巨澜. 信任品市场的竞争效应与传染效应: 理论和基于中国食品行业的事件研究[J]. 经济研究, 2014(2): 141-153.

[10] 宋华琳. 中国食品安全标准法律制度研究[J]. 公共行政评论, 2011(2): 30-49.

[11] 龚强, 张一林, 余建宇. 激励、信息与食品安全规制[J]. 经济研究, 2013(3): 135-147.

[12] 谢康. 中国食品安全治理: 食品质量链多主体多中心协同视角的分析[J]. 产业经济评论, 2014(3): 18-26.

[13] 钱冰, 刘熙瑞. 构建以政府为核心, 多元主体共同参与的市场监管网络[J]. 中国行政管理, 2007(8): 48-51.

[14] 定明捷, 曾凡军. 网络破碎、治理失灵与食品安全供给[J]. 公共管理学报, 2009(10): 71-73.

[15] 韩杨, 乔娟. 消费者对可追溯食品的态度、购买意愿及影响因素[J]. 技术经济, 2009(4): 43.

[16] 胡求光, 童兰, 黄祖辉. 农产品出口企业实施追溯体系的激励与监管机制研究[J]. 农业经济问题, 2012(4): 71-76.

[17] 胡颖廉. 基于外部信号理论的食品生产经营者行为影响因素研究[J]. 农业经济问题, 2012(12): 84-89.

[18] 刘圣中. 可追溯机制的逻辑与运用—公共治理中的信息、风险与信任要素分析[J]. 公共管

理学报,2008(4):33-39.

[19] 刘亚平. 中国食品安全的监管痼疾及其纠治[J]. 经济社会体制比较,2011(3):84-92.

[20] 任燕,安玉发. 农产品批发市场食品质量安全中的作用机制分析——基于北京市场的问卷调查和深度访谈资料[J]. 中国农村观察,2010(3):37-46.

[21] 山丽杰,徐旋,谢林柏. 实施食品可追溯体系对社会福利的影响研究[J]. 公共管理学报,2013(7):103-109.

[22] 施晟,周德翼,汪普庆. 食品安全可追踪系统的信息传递效率及政府治理策略研究[J]. 农业经济问题,2008(5):21-25.

[23] 吴林海,吕煜昕,朱淀. 生猪养殖户对环境福利的态度及其影响因素分析:江苏阜宁县的案例[J]. 江南大学学报(人文社会科学版),2015(3):113-120.

[24] 吴林海,王淑娴,朱淀. 消费者对可追溯食品属性偏好研究:基于选择的联合分析方法[J]. 农业技术经济,2015(4):45-53.

[25] 修文彦,任爱胜. 国外农产品质量安全追溯制度的发展与启示[J]. 农业经济问题,2008(增):206-210.

[26] 赵雷,杨子江,宋怿. 水产品质量安全可追溯体系构建中的政府职能定位[J]. 中国水产,2010(8):27-29.

[27] 郑建明,张相国,黄滕. 水产养殖质量安全政府规制对养殖户经济效益影响的实证分析——基于上海的案例[J]. 上海经济研究,2011(3):21-26.

[28] 周应恒,耿献辉. 信息可追踪系统在食品质量安全保障中的应用[J]. 农业现代化研究,2002(11):451-454.

[29] 朱淀等. 消费者食品安全信息需求与支付意愿研究—基于可追溯猪肉不同层次安全信息的 BDM 机制研究[J]. 公共管理学报,2013(7):129-136.

[30] 刘飞,李谭君. 食品安全治理中的国家、市场与消费者:基于协同治理的分析框架[J]. 浙江学刊,2013(3):215-221.

[31] FAO(2009) Guidelines for the ecolabelling of fish and fishery products from marine capture fisheries. Revision 1. Rome Available: http://www. fao. org/docrep/012/i1119t/i1119t0. htm. Accessed: April 2012.

[32] Goldstein LJ. Chinese fisheries enforcement: environmental and strategic implications [J]. Marine Policy, 2013,40(3):187-193.

[33] Hobbs JE. Information asymmetry and the role of traceability systems [J]. Agribusiness, 2004,20(4):397-415.

[34] Hobbs JE, Bailey DV, Dickinson DL, et al. Traceability in the Canadian Red Meat Market Sector: Do Consumers Care? [J] Canadian Journal of Agricultural Economics, 2005,53(1):47-65.

[35] ISO 22005-2009. Traceability in the feed and food chain — general principles and basic requirements for system design and implementation. Switzerland: ISO, 2009.

[36] Buzby JC, Frenzen PD. Food Safety and Product Liability [J]. Food Policy, 1999,24(6):637-651.

[37] Pauly D, Belhabib D, Blomeyer R, et al. China's distant-water fisheries in the 21st century [J]. Fish and Fisheries, 2014,15(3):474-488.

[38] Popper DE. Traceability: Tracking and Privacy in the Food System [J]. Geographical

Review，2007，97(3)：365 - 388.

[39] Starbird SA，Amanor-Boadu V. Contract Selectivity，Food Safety，and Traceability [J]. Journal of Agricultural &. Food Industrial Organization. 2007,5(2)：1 - 20.

[40] Starbird SA，Amanor-Boadu V，Roberts T. Traceability，Moral Hazard，and Food Safety [J]. Congress of the European Association of Agricultural Economists. 2008,(12)：346 - 378.

索 引

后　记

　　能够在复旦大学读书一直是我的愿望。通过博士后的学习方式，在复旦校园里面学习和研究，确实是一种幸福。感谢复旦大学国际关系与公共事务学院的老师们，能给我这种机会。

　　本研究是在复旦大学国际关系与公共事务学院朱春奎教授的指导下得以完成的，也是在我博士论文的基础上面的延伸研究。在刚刚要进公共管理博士后流动站时候，我的导师朱春奎教授就对我的研究方向给予了良好的指导，他要求我遵循学术研究的路径，要在一个研究领域做深、做专，这样才能拓展我的研究水平。正是朱老师对我研究思路方面的指导给了我良好的启发，也让我义无反顾地要继续从事食品质量安全政府监管方面的研究。在朱教授一步一步的指导下，从出站报告题目的选定到大纲的完成，经过数次的修改，才得以真实呈现本论文的完整架构与内容，我才能够顺利完成本博士后的研究报告和小论文的公开发表。朱教授严肃的科学态度，严谨的治学精神，务实的研究作风，给我留下深深的教诲和印象，也是我的学习榜样，在此，对朱教授致以崇高的敬意和衷心的感谢。

　　在复旦大学公共管理博士后流动站学习这三年，我还有幸得到国际关系与公共事务学院公共行政系各位知名教授的学术点评，为我的博士后研究报告的写作奠定了良好的基础，他们包括：竺乾威老师、唐亚林老师、敬乂嘉老师、陈晓原老师、顾丽梅老师、张平老师等。非常感谢各位老师对我的指正。我还要感谢国际关系与公共事务学院负责科研的老师们，尤其是肖素平老师，他们在行政事务上给予了我很多的帮助。另外在论文的写作过程中，我还得到了诸位朱门师兄弟的指点和启发，在此一并表示诚挚的谢意。

　　由于我是在职攻读公共管理的博士后，我也要感谢上海海洋大学的各位同事，正是由于你们的帮助和支持,我才能克服一个一个的困难,直至本研究的顺利完成,与你们一起共事是我的荣幸!

当然,本书中涉及的调查问卷和各地的实地调研也受到江苏省海洋与渔业局和中国水科院的一些同仁的帮助,没有他们的帮助,难以想象论文问卷调查的开展和第一手资料的获得如何进行,非常感谢各位能给予慷慨的帮助。

还有,要感谢家人对我的支持与栽培,尤其是父母亲,他们对子女无私的奉献,给予我自由的发展空间,让我可以放手去追寻梦想。感谢我的妻子多年来对我的支持、包容和信任,家人的温暖让我能够安心的工作、学习和写论文。谢谢我的女儿,每次看到你的微笑,我就非常的愉悦,也提醒自己的责任和负担。

最后,谨向所有在我求学、生活、工作和成长过程中给予我帮助、支持、关心的人致以最诚挚的谢意!

郑建明

2017.11.16